W0262926

Hans-Peter Schreiber (Hrsg.)

Biomedizin und Ethik

Praxis – Recht – Moral

Mit einem Vorwort von Werner Arber

Springer Basel AG

Herausgeber:

Prof. Dr. Hans-Peter Schreiber
Rennweg 25
CH – 4052 Basel

ISBN 978-3-7643-7065-7   ISBN 978-3-0348-7856-2 (eBook)
DOI 10.1007/978-3-0348-7856-2

Bibliografische Information der Deutschen Bibliothek
Die Deutsche Bibliothek verzeichnet diese Publikation in der Deutschen Nationalbiografie; detaillierte bibliografische Daten sind im Internet über http://dnb.ddb.de abrufbar.

Ein Unternehmen von Springer Science+Business Media
Gedruckt auf säurefreiem Papier, hergestellt aus chlorfrei gebleichtem Zellstoff. TCF ∞
Umschlaggestaltung: Micha Lotrovsky, CH-4106 Therwil, Schweiz

ISBN 3-7643-7065-3
9 8 7 6 5 4 3 2 1   www.birkhauser-science.com

Inhaltsverzeichnis

Vorwort

Seit einigen Jahrzehnten ist es möglich geworden, Prozesse des Lebens auf dem Niveau von Zellen und von Molekülen des Erbgutes und der Genprodukte zu erforschen. Dies ist vor allem der Entwicklung von neuartigen Forschungsstrategien zu verdanken. Einerseits handelt es sich um substanzspezifische und hochauflösende Abbildungsverfahren und um Methoden zur Auftrennung und Identifizierung verschiedenartiger Moleküle, andererseits aber auch um biochemische, biophysikalische und molekulargenetische Möglichkeiten des direkten Eingriffes von außen in die naturgegebenen Abläufe. Ein Beispiel ist die Möglichkeit der gezielten lokalen Veränderung des Erbgutes, was den Forschern zunächst zur Erkundung der biologischen Aktivitäten einzelner Genprodukte dient. Die dabei erlangten Kenntnisse bieten sich öfters zu Nutzanwendungen an. Im medizinischen Bereich betrifft dies insbesondere die biotechnologische Produktion von naturnahen Medikamenten, neuartige Diagnoseverfahren und schließlich auch die sich abzeichnenden Möglichkeiten der gezielten Behandlung von Funktionsstörungen mittels Zelltherapie und Gentherapie.

Die hier skizzierten Entwicklungen in Bereichen der biomedizinischen Diagnostik und Therapie bringen eine Reihe von disziplinübergreifenden Fragestellungen mit sich. Diese betreffen zunächst unsere Weltanschauung und damit unser allgemeines Orientierungswissen, welches die Basis bildet für gesellschaftlich verbindliche Normen der Ethik und des Rechtes. Wer soll und darf beispielsweise Zugang haben zu Resultaten der Diagnose der Krankheit eines Menschen? Welche Kriterien sollen es der Medizin ermöglichen, eine neuartige invasive Therapie anzuwenden? Über diese und verwandte Fragestellungen sollten Forscher, Ärzte und an biomedizinischen Anwendungen interessierte Unternehmer nicht allein unter sich diskutieren um Antworten zu finden und Entscheidungen zu treffen. Vielmehr sollte ganz allgemein die Zivilgesellschaft in einen breit angelegten Dialog einbezogen werden. Angesichts der Komplexität der Lebensprozesse an und für sich und der interdisziplinären Fragestellungen ist dies keine leichte Aufgabe. Diese zu bewältigen verlangt die Bereitschaft breiter Kreise, sich Einblick in die reichhaltigen biomedizinischen Kenntnisse zu verschaffen und darauf aufbauend Wege zur Lösung der aufgeworfenen weltanschaulichen, ethischen und rechtlichen Fragen zu skizzieren. Die Aufgabe ist anspruchsvoll und ihre Bewältigung sollte alle beteiligten Kreise verpflichten.

Der vorliegende Band möchte einen aufbauenden Beitrag zu der anstehenden gemeinsamen, interdisziplinären Arbeit erbringen. Allerdings darf dabei nicht ein endgültiges und abschließendes Resultat erwartet werden. Vielmehr möge ein durch die Beiträge dieses Buches stimulierter Dialog in einen breiten und permanenten Prozess der Hinterfragung, Gewichtung und Orientierung münden. Dabei mögen die prinzipiell wandelbaren ethischen und rechtlichen Normen mit den verfügbaren naturwissenschaftlichen Kenntnissen und dem geisteswissenschaftlich verankerten Orientierungswissen in optimalem Einklang gehalten werden. Es soll allen Beteiligten dabei stets bewusst bleiben, dass durch die biomedizinische Forschung und Praxis in dem Maße, wie bestehende Fragen gelöst werden, immer wieder neue Fragen aufgeworfen werden, für die es gilt verantwortbare Lösungen zu finden.

Es ist mein persönlicher Wunsch, dass das vorliegende Buch, ohne Anspruch auf Vollständigkeit, zum Prozess eines interdisziplinären Suchens nach nachhaltigen Lösungen und damit zum Wohle der Menschen und ihrer Umwelt beitragen möge.

Basel, im Februar 2004   Werner Arber

Einleitung

Kaum je haben Biologie und Medizin uns in solcher Geschwindigkeit mit Neuem über die biologischen Grundlagen des Lebens sowie über die Möglichkeiten, solches Wissen anzuwenden, versorgt, wie in den letzten Jahrzehnten. Täglich werden neue wissenschaftliche Erkenntnisse veröffentlicht, die unser Verständnis über Abläufe biologischer Prozesse erweitern und Anwendungen in Aussicht stellen, die unser Leben unmittelbar betreffen. All dies stellt unser Wissen über die Entstehung und den Verlauf vieler Erkrankungen auf eine neue Grundlage und eröffnet damit viel versprechende Möglichkeiten der Entwicklung präventiver und diagnostischer Verfahren, aber auch wirksamerer Arzneimittel und Therapien.

Gleichzeitig jedoch dringt diese Forschung in Bereiche vor, die das Grundverständnis vom Menschsein tangieren, und wir werden gezwungen, all jene Begriffe neu zu überdenken, die für unser menschliches Selbstverständnis essenziell sind. Und eben diese Entwicklung verleiht dem Verhältnis von Wissenschaft und Ethik heute seine besondere Dringlichkeit. Paradigmatisch dafür steht die 1953 erstmals erfolgte Beschreibung des sog. genetischen Codes, demzufolge die Vererbung bei allen Lebewesen auf molekularer Ebene, durch Verbindungen von vier Basenpaaren, geregelt wird. Mit dieser Beschreibung verband sich dann anfangs der 70er Jahre eine folgenreiche neue Technik, mit deren Hilfe es möglich wurde, diese Basenpaare in einer Zelle neu zu ordnen, d. h. zu rekombinieren, und zwar über die artspezifischen Grenzen hinaus. Damit war die Gentechnologie geboren. Selbst diejenigen, welche die in der Gentechnik sich abzeichnenden Möglichkeiten noch etwas zurückhaltend einschätzen, werden zur Kenntnis nehmen müssen, dass allein die Existenz der Verfügbarkeit dieser Rekombinationstechnologie schon heute in vielen Bereichen neue normative Standards gesetzt und den Erwartungshorizont vieler Menschen irreversibel verschoben hat. Dies gilt insbesondere im Blick auf die Genomforschung und die sich aus ihr ergebenden Erkenntnisse. Denn da das Genom eine der maßgeblichen Bedingungsebenen aller biologischen Lebensprozesse ist, eröffnet seine Aufklärung die Tür zu weitreichenden Einsichts- und Eingriffweisen, die bislang menschlichem Handeln entzogen waren. Hierzu gehört u. a. die Aufklärung über bislang nicht erklärbare Krankheiten, aber auch die Entwicklung neuer Therapieansätze. Für die Medizin bedeutet dies eine enorme Erweiterung ihres diagnostischen, therapeutischen und präventiven Handlungsspektrums. Doch öffnete diese Entwicklung auch die Tür zu anderem. Mit ihrer Hilfe können wir von Krankheiten wissen, lange bevor sie ausbrechen, und unter der Last dieses Wissens leiden, wenn nicht gleichzeitig auch eine Strategie der Prävention oder Therapie angeboten werden kann. Wird solches Wissen schon vorgeburtlich gewonnen, dann – so wird befürchtet – könnte es durch Koppelung mit dem Abbruch der Schwangerschaft zu Selektion und Diskriminierung kranker und behinderter Menschen führen.

Diese Perspektiven machen deutlich, wie der Mensch durch die neuen Erkenntnisse der Biowissenschaften zum Gegenstand nicht nur der eigenen Einsicht, sondern auch des eigenen „Machens" wird. Sind wir, so fragen daher viele, einer so ambivalenten Herausforderung auch ausreichend gewachsen? Werden am Ende dieser Entwicklung nicht der „gläserne Mensch" und der Wunsch nach einem genetisch perfekten Kind stehen? Es sind vor allem die Forscher selbst, die uns vor solchen Träumen warnen. Denn die gegenwärtigen Erkenntnisse über die molekularen Grundlagen von Lebensprozessen bestätigen keineswegs jenen genetischen Determinismus, der in der Regel hinter solch abstrusen Machbarkeitsphantasien steht. Aber hier wird eine Herausforderung sichtbar, die gleichsam noch vor der ethischen liegt, nämlich die, nun auch zu verstehen, was wir zu wissen beginnen. Denn mit der realisierten Entschlüsselung des menschlichen Genoms, so lehrt uns die Wissenschaft, stehen wir noch am Anfang. Zwar kennen wir inzwischen die Abfolgen der einzelnen Gensequenzen, jedoch haben wir damit noch längst nicht das Genom in seiner Ganzheit verstanden. Mit der alten Metapher des Lesens ausgedrückt: Wir kennen zwar die Abfolge der Buchstaben eines Textes, jedoch haben wir damit das, was er uns sagen will, seine Botschaft, noch längst nicht verstanden.

Solches Wissen und Verstehen sind zwar wichtige Voraussetzungen für den angemessenen Umgang mit den neuen Erkenntnissen, aber sie geben noch keine Antwort auf die Frage, an welchen normativen Kriterien wir uns orientieren sollen, um zwischen moralisch vertretbaren und moralisch verwerflichen Technikanwendungen sinnvoll unterscheiden zu können. Damit ist die zentrale ethische Aufgabe benannt. Antworten auf diese Herausforderung verstehen sich heute keineswegs von selbst. Denn wie sollen unsere historisch gewachsenen und kulturell fest verankerten Normen und Werthaltungen auf die neuen Erkenntnisse und die neuen technischen Optionen noch verbindlich angewandt werden können? Was aber kann der Ausgangspunkt für eine normative Regelung bzw. Grenzziehung im Umgang mit den neuen Handlungsmöglichkeiten sein? Fest steht, dass in einer pluralistischen Gesellschaft letztendlich nur die moralischen Normen Geltung erlangen können, die in einem breiten gesellschaftlichen Konsens verankert sind, die Stimme des persönlichen Gewissens stößt hier an Grenzen. In modernen Gesellschaften umfasst dieser Konsens vor allem jene Grundwerte, wie sie in unseren Verfassungen niedergelegt sind, allen voran die Respektierung der Menschenwürde und der Menschenrechte. Gleichwohl ergibt sich auch hier eine Schwierigkeit. So wichtig der Rekurs auf die in den Grundrechten verankerten ethischen Überzeugungen auch sein mag, so wenig erweist er sich als ausreichend, operationalisierbare Normen zu gewinnen. Dazu bedarf es eines demokratischen Aushandlungsprozesses, der die normativ abstrakten Verfassungsprinzipien zu konkreten Normen fortschreibt, um konfligierende moralische Ansprüche pragmatisch ausgleichen zu können. Gerade an der gegenwärtigen Debatte über die Embryonen- und Stammzellforschung wird überdeutlich, wie wenig die bloße Berufung auf Grundrechte einen moralischen Konsens herzustellen vermag. So wird sich etwa die Frage, ob einem Embryo schon ab dem Zeitpunkt der Befruchtung die Fundamentalnorm „unverletzliche Menschenwürde" zuerkannt werden sollte, weder mittels dieser Norm selbst beantworten lassen, noch unter Inanspruchnahme entwicklungsbiologischer Theorien, sondern letztendlich nur durch die Offenlegung moralischer bzw. weltanschaulicher Interessen am Schutz früher Lebensformen. Eine bioethische Normierung strittiger Fragen ist am Ende also immer das Ergebnis von Abwägungen, Ausnahmen und Kompromissen. Entsprechend lehrt uns die Alltagserfahrung, dass vieles von dem, was man auf den ersten Blick glaubt moralisch verbieten zu müssen, bei näherer Betrachtung im Einzelfall schließlich dann doch erlaubt werden muss.

Wo es um gemeinsame Werte geht, da sind wir alle gefragt. Dies machen viele Reaktionen von Bürgerinnen und Bürgern auf die neuesten Entwicklungen in der Biomedizin deutlich. Dass sich so viele Zeitgenossen in einem breiten Umfang für die biowissenschaftlichen Entwicklungen und ihre praktischen Umsetzungen interessieren, und zwar weit über die Zahl unmittelbar betroffener Patienten hinaus, hat seinen Grund nicht nur in einer allgemeinen Neugier, sondern doch wohl in einer wachsenden Sensibilität dafür, dass im Umgang mit den neuen Techniken grundsätzlich über die Gattung Mensch entschieden werden könnte und somit über das Bild, das wir Menschen uns von uns selbst heute und in Zukunft machen werden.

Um an diesem Bild mitwirken zu können, brauchen moderne Gesellschaften neue Formen der rechtsethischen Meinungs- und Urteilsbildung. Wie wenig die bisherigen Wege dafür ausreichen, zeigt der Umstand, dass die Meinungsdifferenzen in wichtigen Fragen oft abweichend von üblichen Formen der Urteilsbildung quer durch politische Parteien, Kirchen und gesellschaftliche Gruppen verlaufen. Mehr noch: Da die Forschung sowie die Umsetzung ihrer Resultate international organisiert sind, kann der bioethische und biopolitische Diskurs nicht allein in den Grenzen der einzelnen Kulturen und Nationen verbleiben, vielmehr ist in all den offenen Fragen ein die nationalen Grenzen überschreitender Austausch erforderlich.

Vielleicht vermag die vorliegende Veröffentlichung hierzu einen kleinen Beitrag leisten, zumal sich auch Kollegen eines Nachbarlandes als Mitautoren haben verpflichten lassen. Die Beiträge behandeln Themen, die derzeit im Zentrum der bioethischen Debatte nicht nur in der Schweiz, sondern weltweit stehen. Dabei geht es konkret um die ethischen und sozialpolitischen Implikationen neuer molekulargenetischer Diagnostikverfahren, um Perspektiven und Folgen der Techniken der Klonierung, um moralische und grundrechtliche Fragen der „Embryonen- und Stammzellforschung" sowie um ethische Kritikpunkte im Blick auf den Patentschutz biotechnologischer Erfindungen. Alle diese Themen erzeugen – wie schon angedeutet – anthropologische, ethische, rechtliche, aber auch kulturelle und soziale Fragen. Diese müssen, sowohl in der Politik wie auch in der Öffentlichkeit, umfassend diskutiert und schließlich politisch entschieden werden, und zwar eben nicht nur in nationalen Parlamenten, sondern nach Möglichkeit auch dort, wo grenzüberschreitende, international gültige Regelungen getroffen werden müssen. Ein Beispiel solch transnationaler Regelung ist das im Anhang beigefügte Menschenrechtsübereinkommen zur Biomedizin des Europarates (Bioethikkonvention). Hierbei handelt es sich um einen Regelungstyp, der seit einigen Jahren zunehmend an Bedeutung gewinnt. Für diese Rahmenkonventionen ist kennzeichnend, dass sie gemeinsame Ziele der Vertragsparteien formulieren. Die in den einzelnen Rahmenkonventionen selbst vereinbarten Schutzvorschriften und Maßnahmen sind dabei allerdings häufig deshalb sehr allgemein gehalten, damit ihnen eine möglichst große Zahl von Staaten zustimmen kann. Zum Teil sind die Vorschriften rechtlich bindend, zu einem anderen Teil aber formulieren sie nur allgemeine Zielvorstellungen. Während die Rahmenkonventionen also nur den Minimalkonsens zwischen den Vertragsparteien widerspiegeln, enthalten die sie ergänzenden *Zusatzprotokolle* jedoch eindeutigere und verbindlichere Regelungen, die insbesondere die Funktion haben, die allgemein gehaltenen Bestimmungen der Konventionen näher zu konkretisieren. Entsprechend fallen in diesen Zusatzprotokollen die eigentlich wichtigen und verbindlichen Entscheidungen. So kann als Beispiel hierfür wiederum auf das im Anhang abgedruckte Zusatzprotokoll zum Verbot des Klonens verwiesen werden. Da die Initiierung eines solchen Normsetzungsprozesses durch Vereinbarung gemeinsamer Ziele und Grundsätze der eigentliche Zweck solcher Rahmenkonventionen ist, werden auf europäischer Ebene noch weitere solche Zusatzprotokolle zur Bioethikkonvention folgen.

Einem verbreiteten Verständnis zufolge erscheint die Erzeugung immer neuer technischer Optionen wie ein Schicksalsschlag, gegenüber dem der Einzelne wie auch die Gesellschaft handlungsunfähig zu sein scheint. Aber dieses Bild stimmt nicht. Neuere wissenschafts- und techniksoziologische Analysen zeigen vielmehr, dass die technologische Entwicklungsdynamik und die Durchsetzung neuer technischer Optionen sich niemals allein aus der Technik begreifen lassen. Ob, wie und von wem neue biomedizinischen Angebote wie Reproduktionsmedizin, molekulargenetische Testverfahren etc. genutzt werden, wird nicht einseitig durch die Technik diktiert, vielmehr hängt deren Nutzung maßgeblich von den kulturellen Rahmenbedingungen moderner Gesellschaften ab, d. h. von deren Werthaltungen, sozialen Normen, Leitbildern sowie von grundrechtlich garantierten Ansprüchen auf Gesundheit und Selbstbestimmung. Dabei aber bleibt die Technik gesellschaftlich keineswegs neutral. Indem sich im Zuge der Technikentwicklung im Bereich der Medizin das Spektrum diagnostischer oder therapeutischer Handlungsmöglichkeiten ständig erweitert, werden nicht nur eingespielte Erwartungs- und Verhaltensstrukturen kontingent gesetzt, sondern auch neue Ansprüche und Hoffnungen erzeugt. In dieser Dialektik von Angebot und Nachfrage stellt sich daher Technik nicht nur als sozialer Prozess dar, sondern in ihrer Dynamik auch als Teil jenes umfassenden Rationalisierungsprozesses, der zum Projekt der Moderne gehört, und sowohl Politik als auch Ethik mit ständig neuen Herausforderungen konfrontiert (vgl. dazu den Beitrag „Zum Begriff der Moderne", S. 67–71).

Diese Publikation wurde von der *Interpharma Basel* unterstützt, wobei ich vor allem Thomas Cueni und Christian Manzoni danken möchte. Ich danke auch allen Mitautoren für ihre spontane Bereitschaft, an diesem Projekt mitzuwirken. Mit einigen von ihnen verbindet mich auch eine langjährige Freundschaft, und dem Gedankenaustausch mit ihnen verdanke ich viele wertvolle Erkenntnisse im Umfeld der hier behandelten Themen.

Hans-Peter Schreiber

I. Praxis

Humangenetik

Gerhard Wolff

Humangenetik ist sowohl eine Grundlagen- als auch eine angewandte Wissenschaft. Als Grundlagenwissenschaft kann sie als die Wissenschaft von der genetisch bedingten Variabilität des Menschen im gesunden und krankhaften Bereich beschrieben werden. Als solche ist sie ein Teilgebiet der Genetik, also derjenigen Wissenschaft, welche die Gesetze der Aufbewahrung, Übertragung und Realisierung bzw. Manifestierung aller derjenigen Materialien und Informationen untersucht und zu beschreiben versucht, welche die Entwicklung und Funktion des menschlichen Organismus steuern. Bis zum heutigen Tage ist das Gen-Konzept die treibende Kraft, welche die Entwicklung der Humangenetik (von der Wiederentdeckung der mendelschen Gesetze 1900 bis hin zur heute nahezu vollständigen Analyse des genetischen Codes des Menschen) als Wissenschaft befördert hat und noch weiter befördern wird.

Humangenetik war und ist jedoch auch immer eine angewandte Wissenschaft. Aus der Beobachtung des familiären Auftretens von menschlichen Merkmalen und Eigenschaften wurden schon in vorwissenschaftlicher Zeit Erkenntnisse über genetisch bedingte Merkmale, Erkrankungen und Entwicklungsstörungen gewonnen, aus denen unmittelbare Rückschlüsse im Hinblick auf Vererbung und Krankheitsrisiken gezogen wurden. In der modernen Medizin werden genetische Kenntnisse seit vielen Jahren zum Nutzen von einzelnen Betroffenen und deren Familien angewendet (s. unter den Kapiteln „Genetische Beratung" und „Genetische Diagnostik").

Zwei wissenschaftliche Paradigmen prägen die Humangenetik als Wissenschaft bis heute, das schon erwähnte Gen-Konzept, welches auf den Arbeiten von Gregor Mendel beruht, und das biometrische Konzept von F. Galton. Das Gen-Konzept wurde aufgrund der Beobachtung klar abgrenzbarer qualitativer Merkmale und deren Häufigkeit in verschiedenen Generationen entwickelt (sog. mendelsche Regeln). Galton hingegen benutzte statistische Methoden, um die Erblichkeit bestimmter Merkmale zu messen und die Maße von Personen mit unterschiedlichem Verwandtschaftsgrad zu vergleichen. Diese Methodik ermöglichte die Untersuchung allgemeiner Merkmale und häufig vorkommender Störungen, welche quantitative Abstufungen zeigen und ggf. auch durch Umwelteinflüsse modifiziert werden. Die Auseinandersetzung zwischen diesen beiden wissenschaftlichen Paradigmen lässt sich bis in die gegenwärtige moderne Humangenetik verfolgen. Einerseits können heute seltene, monogene Störungen durch molekulargenetische Methoden und weitere Untersuchungen der Genfunktion bis ins Einzelne aufgeklärt werden. Andererseits werden gewaltige Anstrengungen unternommen, zahlreiche Familien und Bevölkerungsgruppen phänotypisch und molekulargenetisch zu untersuchen, um mithilfe von statistischen Analysen die Ursache häufiger, multifaktoriell bedingter Merkmale, Krankheiten und Entwicklungsstörungen aufzuklären.

Als wissenschaftliches Fach kann die Humangenetik in zwei große Gebiete eingeteilt werden, die ihrerseits zahlreiche Teilgebiete umfassen, die *allgemeine Humangenetik* und die *spezielle Humangenetik*. Zur allgemeinen Humangenetik gehören Fächer wie die *Evolutionsgenetik* des Menschen, welche die genetischen Faktoren untersucht, welche die Entwicklung der Spezies Mensch gesteuert haben und steuern sowie die *Entwicklungsgenetik*, d. h. die Untersuchung derjenigen genetischen Faktoren, die die Entwicklung des Individuums steuern und beeinflussen. Weiterhin gehört hierzu die *Populationsgenetik*. Diese untersucht die Konsequenzen der mendelschen Gesetze auf die Zusammensetzung von Populationen unter besonderer Berücksichtigung der Effekte von Genmutationen, Selektionsprozessen, Migration von Teilpopulationen und zufälligen Änderungen von Genfrequenzen. Sie beschreibt also Populationen und ihre genetische Zusammensetzung und untersucht die Ursachen, die zu einer Änderung des Genpools führen können. Die Befunde der Populationsgenetik können unmittelbare Auswirkungen auf das Verständnis der vergangenen und eventuell der zukünftigen Evolution des Menschen unter Berücksichtigung von Veränderungen der Lebensbedingungen haben. Weiterhin werden Erkenntnisse zur Epidemiologie genetisch bedingter Krankheiten gewonnen, die wiederum unmittelbare Bedeutung für die medizinische Versorgung gewinnen können. Dieser Teilbereich wird auch als *epidemiologische Genetik* bezeichnet. Das Human Diversity Project des Human Genome Projects, in welchem größere und kleinere Populationen molekulargenetisch charakterisiert werden sollen, ist ebenfalls zur Populationsgenetik zu rechnen. Zur allgemeinen Humangenetik gehören darüber hinaus alle diejenigen Forschungsrichtungen, in denen die *Chromosomenstruktur* und *-funktion*, die *Genomstruktur* und *-funktion*, die *Mutationsmechanismen* und die *Genetik der Steuerung von Zellfunktionen* untersucht werden. Die *Formalgenetik* und *Biostatistik* werden schließlich als Methoden gebraucht und weiterentwickelt, um das Auftreten von Merkmalen in Familien oder Bevölkerungen zu beschreiben und Rückschlüsse auf zugrunde liegende genetische Faktoren zu ziehen.

Das *Human Genome Project* ist die gegenwärtig größte wissenschaftliche Anstrengung, die im Bereich der Humangenetik unternommen wird. Es wurde 1985 initiiert, später durch die Human Genome Organisation (HUGO) international koordiniert und verfolgt mehrere Zielsetzungen. Durch Familienuntersuchungen werden Gene und neutrale, d. h. nicht im Zusammenhang mit Merkmalen oder Krankheiten stehende genetische Marker auf den Chromosomen lokalisiert. Weiterhin wird eine physikalische Karte von einander überlappenden DNA-Abschnitten für das ganze Genom erstellt. Das ganze Genom wird schließlich sequenziert, was bedeutet, dass man die Abfolge der rund 3 Milliarden DNA-Moleküle ermittelt. Aber nicht nur das menschliche Genom, sondern auch die Genome anderer Lebewesen („Modellorganismen") werden kartiert und sequenziert. Um diese Aufgaben zu bewältigen, mussten und müssen erhebliche Anstrengungen unternommen werden, um Computerprogramme zu entwickeln, welche die aus den Kartierungen und Sequenzierungen anfallenden Daten speichern und bearbeiten können. Im Rahmen dieser Forschungen wurden und werden verschiedene weitere Programme finanziert. Hierzu gehören Ausbildungsprogramme für junge Wissenschaftler, Programme zur Technologieentwicklung, vor allem zur Automatisierung von Kartierung und Sequenzierung, und Programme zur Förderung der Kooperation zwischen Grundlagenforschung, Medizin und Industrie. Das „öffentliche" Projekt, in dem die USA führend, jedoch viele andere Länder, darunter seit 1995 auch Deutschland in einem kleineren Umfang beteiligt sind, hat sich zur vollständigen Offenlegung aller seiner Daten verpflichtet und am 15. Februar 2001 in der Zeitschrift „Nature" die bis dahin vollständigste Karte des menschlichen Genoms veröffentlicht. Parallel dazu liefen die Untersuchungen eines vorwiegend kommerziell begründeten Humangenomprojekts, welches die amerikanische Firma Celera unter der Leitung von Craig Venter vor wenigen Jahren startete und nahezu zeitgleich mit dem öffentlichen Projekt vorläufig abschloss und am 16.2.2001 in der Zeitschrift „Science" veröffentlichte. Damit ist aber noch keine lückenlose Karte des menschlichen Genoms erstellt. Zahlreiche Leerstellen und Ungenauigkeiten werden aber bald beseitigt und damit die Sequenzierung des menschlichen Genoms abgeschlossen sein. Bis zum 31. Dezember 2001 war die Sequenzierung von 63 % des Genoms abgeschlossen, und von 34,8 % lag ein „draft" vor. Die Zahl der Gene wird auf ca. 30.000 geschätzt, von denen bis heute etwa 2/3 chromosomal kartiert sind, wobei allerdings die Funktion vieler Gene noch nicht bekannt ist. Über 2000 Gene für Krankheiten oder Entwicklungsstörungen, die durch einen einzelnen Gendefekt (monogen) verursacht werden, sind identifiziert. Das heißt nun allerdings noch nicht, dass nun alle Gene und deren Funktion und Interaktion in kürzester Zeit bekannt und aufgeklärt sein werden. Vielmehr eröffnen sich hier neue zahlreiche neue Fragen und Forschungsfelder. Der Nutzen im Hinblick auf eine medizinische Anwendung wird vorläufig nach wie vor überwiegend im Bereich der Diagnostik liegen und hierüber aber indirekt auch auf die Therapien und Prävention von Erkrankungen Einfluss haben.

In der modernen Humangenetik und in der Öffentlichkeit wurde früh erkannt, dass im Zuge der Erforschung des menschlichen Genoms zahlreiche ethische, rechtliche und soziale Probleme auftreten werden oder auftreten können. Aus diesem Grunde wurde von vornherein ein Anteil des Budgets (5 % im US-amerikanischen Projekt) vorgesehen, um die ethischen, rechtlichen und sozialen Aspekte der Humangenomforschung wissenschaftlich zu untersuchen (sog. ELSI-Projekt). Dabei standen und stehen u. a. folgende Themen und Problembereiche im Vordergrund: die Qualitätssicherung genetischer Untersuchungen, die informierte Einwilligung in die Durchführung genetischer Untersuchungen („informed consent"), das Recht auf Nicht-Wissen, das Selbstbestimmungsrecht im Hinblick auf persönliche genetische Daten, Gerechtigkeit beim Zugang zu genetischer Diagnostik und Beratung, Fragen der möglichen Diskriminierung in der Schul- und Berufsausbildung, am Arbeitsplatz, im Versicherungsbereich (Kranken-, Lebensversicherung u. a.), vor Gericht, das Problem der Diskriminierung ganzer Bevölkerungen oder Bevölkerungsgruppen sowie Fragen der Ressourcenverteilung.

Der zweite große Bereich des Fachs Humangenetik ist die *spezielle Humangenetik*. Sie beschäftigt sich im engeren Sinne mit der Genetik des menschlichen Phänotyps und damit der Genetik von Merkmalen (worunter in diesem Zusammenhang das verstanden werden soll, was im allgemeinen der „normalen" Variabilität zugerechnet wird) sowie mit der Genetik von Krankheiten und Entwicklungsstörungen. Letzteres wird häufig auch als *Medizinische Genetik* bezeichnet, wenn der Forschungsaspekt im Vordergrund steht, und als *Klinische Genetik*, wenn der Anwendungsaspekt betont werden soll. Die medizinische Genetik bearbeitet in ihren Forschungsprojekten Fragen der Mechanismen der Pathogenese von genetisch bedingten Krankheiten und Entwicklungsstörungen auf verschiedenen Ebenen: auf der klinischen Ebene, d. h. auf der Ebene der durch körperliche Untersuchung erfassbaren Symptome, auf der Ebene bildgebender Verfahren sowie auf der biochemischen, zytogenetischen (Chromosomenanalyse) und molekulargenetischen Ebene (DNA-Analyse). In den vergangenen Jahren standen die Lokalisierung und Identifizierung von Krankheitsgenen im Vordergrund. In diesem Zusammenhang spielte die Methodenentwicklung, d. h. die Vereinfachung und Beschleunigung von Untersuchungsverfahren eine große Rolle. Jetzt rücken mehr und mehr Fragen der Funktion und Interaktion von Genen und die „postgenomischen" Prozesse auf der Proteinebene in den Mittelpunkt des Interesses („Proteomics"). Mit der Methodenentwicklung in der wissenschaftlichen medizinischen Genetik eng verbunden ist die Entwicklung und Validierung von Testverfahren für die Praxis (s. Kapitel „Genetische Diagnostik"). Ein weiterer Forschungsbereich, der unmittelbar in die Anwendung im Sinne von Prävention und Therapie hineinreicht, ist die *Pharmakogenetik*. Hierunter wird die Erforschung aller derjenigen genetischen Faktoren verstanden, welche die Wirkungen und Nebenwirkungen von Pharmaka beeinflussen. Dabei geht es zunächst vor allem um genetische Dispositionen, die die Verstoffwechselung von Pharmaka und hierdurch die Wirkungen und Nebenwirkungen beeinflussen. Ziel ist dabei eine individuell optimierte Pharmakotherapie unter optimaler Ausnutzung des Wirkungsspektrums eines Pharmakons bei möglichst geringen Nebenwirkungen. Die Strategie, die Untersuchung individueller genetischer Dispositionen zur Optimierung therapeutischer Interventionen auszunutzen, wird auch als „individualized medicine" bezeichnet (s. auch unter dem Kapitel „Genetische Diagnostik"). Voraussetzung für eine praktische Anwendung ist die Untersuchung größerer Populationen im Hinblick auf die Aussagekraft genetischer Marker für solche Dispositionen, was wiederum auf die *genetische Epidemiologie* verweist (s. auch oben), da nur mit diesen Informationen der Wert einer solchen Diagnostik im Einzelfall ermittelt werden kann. Die medizinisch-genetische Epidemiologie interessiert sich darüber hinaus für die frühere und gegenwärtige Häufigkeit (Zunahme, Abnahme) des Auftretens genetisch bedingter Erkrankungen und Entwicklungsstörungen sowie für die Verteilung und die Verbreitung von Krankheiten in verschiedenen Populationen. Hieraus lassen sich wiederum Schlüsse auf die Interaktionen genetischer Dispositionen mit Umweltfaktoren und sonstigen Lebensbedingungen und damit auch auf Entwicklungen über längere Zeiträume hinweg ziehen.

Die *Gentherapie* ist von 1989 bis heute Gegenstand Hunderter (ca. 600) wissenschaftlicher Projekte gewesen. Mit Gentherapie im engeren Sinne ist die Behandlung mit molekulargenetischen Methoden im Sinne des Einbringens von Genmaterial in den Organismus oder einer unmittelbaren Beeinflussung einer mutierten Erbanlage gemeint, also ein Eingriff in die genetische Information von Körperzellen. Hierbei muss zwischen somatischer Gentherapie, d. h. der Behandlung von Körperzellen des Menschen, und der sog. „Keimbahn-Gentherapie" unterschieden werden. Bei Letzterer handelt es sich nicht um eine Therapie im engeren Sinne, sondern um eine Manipulation von Genen in den Keimzellen mit dem Ziel, dass die erreichte Veränderung an die nächste Generation weitergegeben wird. Trotz ursprünglich großer Hoffnungen und Anstrengungen und trotz mehrerer klinischer Anwendungen müssen gentherapeutische Ansätze heutzutage immer noch als eine Form der experimentellen Therapie angesehen werden.

Als *klinische Genetik* kann die gesamte Tätigkeit des humangenetisch geschulten Arztes im unmittelbaren Umgang mit seinen Patienten verstanden werden. Hierzu ist der gesamte Bereich der *genetischen Diagnostik* (siehe Kapitel „Genetische Diagnostik") und genetischen Beratung (siehe Kapitel „Genetische Beratung") zu rechnen. In Abhängigkeit vom jeweiligen Land und Gesundheitssystem ist die genetische Beratung im engeren Sinn allerdings u. U. ein Bereich, in dem auch speziell ausgebildete Nichtmediziner/-innen (Biologen/-innen, Sozialarbeiter/-innen, Krankenschwestern, Hebammen) tätig sind. Da die Humangenetik ein Querschnittsfach (wie z. B. auch die Pathologie) ist, reicht die klinische Genetik in alle medizinischen Fächer hinein. Dieser Umstand erzwingt Spezialisierungen wie z. B. in der Tumorgenetik, in der Stoffwechselgenetik oder in der Genetik spezieller Organe. Das hohe prädiktive Potenzial genetischer Methoden hat dazu geführt, dass die klinische Genetik sich verstärkt auch mit der *Prävention und Therapie* genetisch (mit)bedingter Erkrankungen beschäftigt. Umgekehrt haben genetische Methoden in praktisch alle medizinischen Fächer Eingang gefunden, so dass jeder Mediziner sich heute mit genetischer Diagnostik und Beratung beschäftigen muss. Nach wie vor spielt jedoch die *Gentherapie* in der praktischen Medizin – abgesehen von einigen Erfolgen bei sehr seltenen Krankheiten – eine sehr geringe Rolle.

Das *genetische Screening*, d. h. die Untersuchung einer Bevölkerung oder Bevölkerungsgruppe als praktische medizinische Maßnahme hat hingegen nur in speziellen Bereichen Bedeutung erlangt (s. hierzu auch das Kapitel „Genetische Diagnostik"). Hierzu kann man das Heterozygotenscreening (Untersuchung auf Anlageträgerschaft für rezessive Störungen) in bestimmten Bevölkerungsgruppen rechnen, wie z. B. die Untersuchung der Tay-Sachs-Erkrankung in der Gruppe der Ashkenazi-Juden oder der Thalassämie in den Mittelmeerländern. Aber auch die genetische Pränataldiagnostik im Hinblick auf kindliche Chromosomenstörungen wird z. B. bei älteren Schwangeren vielfach wie eine Screeninguntersuchung gehandhabt. Im weitesten Sinne könnte auch die systematische Untersuchung Angehöriger von Patienten mit genetisch bedingten Krankheiten als Screeninguntersuchung verstanden werden.

Genetische Diagnostik

Gerhard Wolff

Genetische Diagnostik ist heute nicht nur auf das Fachgebiet Humangenetik beschränkt, sondern spielt in nahezu allen Bereichen der Medizin, aber auch in einigen anderen Bereichen (Forensik, Vaterschaftsbegutachtung, s. u.) eine große Rolle. Sie kann der Feststellung einer Krankheit bzw. der Sicherung einer Krankheitsdiagnose dienen (Diagnose bzw. Differenzialdiagnose), der Feststellung oder dem Ausschluss einer Disposition zu einer Erkrankung lange vor deren Ausbruch im späteren Leben (sog. prädiktive genetische Diagnostik), aber auch der vorgeburtlichen Diagnostik. In manchen Situationen und bei Verwendung bestimmter Methoden hat sie den Zweck, bestehende Krankheitsrisiken zu modifizieren bzw. zu präzisieren. Als molekulargenetische Untersuchungsmethode findet sie breite Anwendung u. a. in der Molekularpathologie, z. B. bei der Charakterisierung von Tumoren, aber auch in der Infektionsdiagnostik. Im Folgenden soll von genetischer Diagnostik nur im Zusammenhang mit im engeren Sinne humangenetischen Fragestellungen die Rede sein.

Unter genetischer Diagnostik wird im Allgemeinen bzw. im engeren Sinne die Diagnostik auf der Ebene der Erbsubstanz (DNA-Diagnostik mit molekulargenetischen Methoden) verstanden. Gegenwärtig kann in Deutschland und Europa für ca. 600, zum Teil extrem selten vorkommende Erkrankungen eine Gendiagnostik im Sinne einer DNA-Diagnostik durchgeführt werden. Es ist zu erwarten, dass diese Anzahl möglicher Gendiagnosen in Zukunft schnell weiter ansteigen wird.

Genetische Diagnostik erfolgte aber schon immer und erfolgt auf verschiedenen Ebenen mit unterschiedlichen Methoden. Entscheidend ist dabei die Fragestellung: Soll aus einem Befund ein Rückschluss auf die genetische Konstitution eines Menschen und ggf. auf diejenige seiner Angehörigen und Nachkommen gezogen werden? So verstanden muss *genetische Diagnostik auf verschiedenen Ebenen* betrachtet werden:

1. Informationsebene: Informationen aus der medizinischen Vorgeschichte einer Person
   a. Familienanamnese
      Die Familienanamnese erlaubt eine Aussage darüber, ob eine Person von durchschnittlichen Erkrankungsrisiken für sich selbst und/oder ihre Nachkommen ausgehen kann oder ob eine speziell erhöhte Wahr-

scheinlichkeit für das Auftreten einer bestimmten, in der Familie schon vorgekommenen Erkrankung oder Entwicklungsstörung besteht.

  b. Eigenanamnese

  Die Informationen der Eigenanamnese sind ebenfalls von prognostischer Bedeutung, Auffälligkeiten können auf das Vorliegen einer Disposition für spätere Erkrankungen hinweisen.

2. Phänotypische Ebene

  a. Körperliche Befunde bei der klinischen Untersuchung. Ein einfaches Beispiel ist das Geschlecht, bei dem mit großer Sicherheit auf die Anwesenheit oder Abwesenheit des Y-Chromosoms geschlossen werden kann. Auch kann z. B. jeder die autosomal dominant erbliche Achondroplasie bei einem „Zirkus-Zwerg" („Liliputaner") erkennen und auf das Vorliegen der typischen Mutation im FGFR3-Gen bei dem Betroffenen schließen. Das Betrachten von Farbsinntafeln kann eine geschlechtsgebunden (X-chromosomal rezessiv) erbliche Farbsinnstörung aufdecken.

  b. Laborchemische Befunde, Befunde bildgebender Verfahren u. a. Die autosomal rezessiv erbliche Sichelzellanämie z. B. wird sichtbar, wenn man einem Blutstropfen Sauerstoff entzieht („Sichelung" der roten Blutkörperchen), und man kann auf die typische Mutation in der Erbanlage für einen Bestandteil des roten Blutfarbstoffs bei dem Betroffenen, seinen Eltern und auch seinen Angehörigen schließen. Im Bereich der vorgeburtlichen (pränatalen) Diagnostik müssen hierzu auch die Ultraschall- und die Serummarkerdiagnostik gerechnet werden, über die Anhaltspunkte für das Vorliegen bestimmter kindlicher Chromosomenstörungen gewonnen werden können.

3. Ebene der Chromosomen (konventionelle Chromosomenanalyse)
Chromosomen können nur in einer bestimmten Phase des Zellteilungszyklus, der sog. Metaphase, sichtbar gemacht werden. Hierzu müssen die Zellen (Blutzellen, Bindegewebs- oder Fruchtwasserzellen) kultiviert, die Kultur mit einem Zellgift abgebrochen, die Zellen zum Aufplatzen gebracht und auf einem Glasträger fixiert und die Chromosomen mit spezifischen Techniken angefärbt werden. Seit 1959 das dreifache Vorliegen des Chromosoms 21 als Ursache des Down-Syndroms (heute immer noch umgangssprachlich als „Mongolismus" bezeichnet) aufgedeckt wurde, sind zahlreiche Chromosomenstörungen als Ursache für Entwicklungsstörungen festgestellt worden. Die Analysen erlauben heute nicht nur eine genaue zahlenmäßige Bestimmung der Chromosomen sondern auch – mit Hilfe spezieller Färbemethoden (sog. Bänderung) – eine Beurteilung ihrer Struktur bis hin zu 2000 Einzelabschnitten („Banden") eines Chromosomensatzes.

4. Ebene der Erbsubstanz (direkte DNA-Diagnostik)
   Die Analysetechnik besteht darin, dass kurze Abschnitte des DNA-Doppelstrang-Moleküls, welches aus lediglich vier komplementär aneinander gelagerten Bausteinen besteht, mit verschiedenen Methoden untersucht und letzlich in der genauen Abfolge analysiert („sequenziert") werden. Auf diese Art und Weise können verschiedene Typen von Mutationen sichtbar gemacht werden (Austausch einzelner Bausteine = Punktmutationen, Verluste = Deletionen, Einschübe = Insertionen).

5. Kombination von 4 und 5: Molekularzytogenetische Untersuchung (FISH und deren Varianten)
   Das Prinzip dieser Untersuchungen besteht in der Sichtbarmachung des Vorhandenseins, des Fehlens oder der Umlagerung von DNA-Abschnitten an einem Chromosomenpräparat, welche ansonsten der lichtmikroskopischen Analyse entgehen würden. Dabei wird untersucht, ob und wo sich eine bestimmte, mit einem Fluoreszenzfarbstoff markierte DNA-Sonde komplementär an den zu ihrer Basenabfolge passenden Chromosomenabschnitt anlagert oder nicht (sog. Fluoreszenz-in-situ-Hybridisierung (FISH). Hierfür gibt es inzwischen zahlreiche, kommerziell hergestellte Sonden.

6. Indirekte DNA-Diagnostik
   Diese Untersuchung erfolgt, wenn das Gen oder die krankheitsverursachende Genmutation nicht bekannt sind, jedoch die Lokalisation im Genom. Dabei werden genetische Marker in und/oder in unmittelbarer Nachbarschaft einer Erbanlage untersucht, um in einer Familie den mutationstragenden „Haplotyp" zu identifizieren und so indirekt eine Aussage über die Anlageträgerschaft einer Person zu machen.

7. Untersuchung assoziierter Polymorphismen zur Risikomodifikation
   Hierbei handelt es sich um die Untersuchung genetischer Marker, welche überdurchschnittlich häufig bei einem bestimmten „Phänotyp" vorkommen. Aus der Häufigkeit des Vorkommens bei Betroffenen und Nichtbetroffenen kann für eine Person eine Aussage zum relativen Erkrankungsrisiko bei Vorliegen eines bestimmten Allels gemacht werden.

8. Identitätsbestimmung und Abstammungsgutachten
   Genetische Diagnostik kann auch dazu genutzt werden, die Identität einer Person sowie seine Abstammungs- bzw. Verwandtschaftsverhältnisse wie z. B. bei der Vaterschaftsbegutachtung zu untersuchen. Die Methoden der Wahl sind heute für die Abstammungsbegutachtung das DNA-Profiling (d. h. die aufeinander folgende Untersuchung einzelner Genorte), für die Identitätsfeststellung das DNA-Fingerprinting (d. h. die gleichzeitige Untersuchung mehrerer Genorte).

9. Chip-Technologie
Hierbei handelt es sich um eine Miniaturisierung und Automatisierung
von DNA-Analysetechniken, die sich die Eigenschaft von DNA zur kom-
plementären Aneinanderlagerung nutzbar macht. Vorbereitete DNA einer Person wird auf eine kleine Trägerplatte aufgebracht, auf der z. T.
Tausende von Mikroreaktionen vorbereitet sind, um bestimmte DNA-
Varianten oder Genmutationen spezifisch sichtbar zu machen. Analyse und Auswertung erfolgen vollständig automatisiert. Es ist zu erwarten, dass in Zukunft viele heute noch aufwendige Gendiagnosen durch
diese Technik ersetzt werden.

Die Befunde genetischer Diagnostik müssen wegen bestimmter *Probleme
der Aussagekraft und Reichweite* sorgfältig interpretiert werden. Dies gilt sowohl in qualitativer wie in quantitativer Hinsicht. Als Folge anderer genetischer Faktoren oder exogener Faktoren können z. B. Träger einer Genmutation gesund bleiben, auch wenn sie sehr alt werden (sog. vermin-
derte Penetranz). Weiterhin ist es möglich, dass Genträger nicht immer
in gleicher Weise oder im gleichen Lebensalter erkranken und dass die
Krankheiten unterschiedliche Verläufe nehmen, auch wenn es sich um
identische Mutationen handelt (sog. variable Expressivität). Darüber hinaus ist es möglich, dass die gleiche Krankheit durch verschiedene Gene
bzw. Genmutationen hervorgerufen wird, aber auch, dass die gleiche Genmutation zu verschiedenen Krankheitsverläufen führt (sog. genetische bzw.
klinische Heterogenität). In diesen Fällen hängt von der Art und dem Ausmaß der Heterogenität ab, welcher Wert einem Gendiagnostikbefund bei-
gemessen werden kann. Es handelt sich dabei um ein eher häufiges als
seltenes Problem. Weiterhin reicht die genetische Diagnostik über das Individuum und über den aktuellen Zeitpunkt hinaus. Sie ist nicht selten
mit Unsicherheiten in der prognostischen Aussage behaftet, behält aber
dennoch ihre vorhersagende Bedeutung unabhängig oder allenfalls modifiziert von anderen Faktoren über lange Zeiträume und für mehrere miteinander verwandte Personen (familiäre und prädiktive Bedeutung). Sie
ist u. a. deshalb auch für reproduktive und sonstige Entscheidungen der
Lebensplanung von Bedeutung. Sie birgt wegen ihrer Reichweite das Potenzial von Stigmatisierung und kann über die Individualisierung genetischer Risiken zu sozialer Diskriminierung führen.
Eine *Indikation für eine genetische Diagnostik* im Sinne einer medizinischen Notwendigkeit kann in verschiedenen Situationen gegeben sein,
muss aber wegen der o. g. Probleme sorgfältig abgewogen werden. Bei genetischer Diagnostik besteht eine Besonderheit darin, dass auch dann,
wenn eine Untersuchung eines Patienten für diesen selbst nicht mehr unmittelbar von Nutzen bzw. therapierelevant ist, dennoch ein Nutzen für

Familienangehörige gegeben sein kann. Genetische Diagnostik wird bei erkrankten Patienten zunehmend eingesetzt, um klinische Diagnosen zu sichern. Weiterhin kann genetische Diagnostik eingesetzt werden, um die Prognose einer Erkrankung besser einschätzen zu können. Die Bedeutung genetischer Diagnostik für die Therapieplanung wird hingegen oft überschätzt. I. d. R. richten sich Behandlungsmaßnahmen nach den aktuellen Befunden und nicht nach den Ergebnissen genetischer Diagnostik. Bei gesunden Personen hat genetische Diagnostik vor allem bei Fragen der Familienplanung große Bedeutung. Hierzu gehört sowohl die Untersuchung auf Anlageträgerschaft für autosomal rezessiv erbliche Erkrankungen bei gesunden Angehörigen (Heterozygotendiagnostik) als auch die prädiktive Diagnostik und vor allem die Pränataldiagnostik. Wenn eine Krankheitsmutation in einer Familie identifiziert werden konnte, hat die prädiktive Diagnostik große Relevanz für eventuell bestehende präventiv-therapeutische Möglichkeiten.

Eine vorhersagende, *prädiktive genetische Diagnostik* kann dann medizinisch notwendig und damit indiziert sein, wenn eindeutige präventive und therapeutische Optionen zur Verfügung stehen, wie dies für einige erbliche Krebserkrankungen gilt. Dies wird in der Regel nur dann möglich sein, wenn eine krankheitsverursachende Genmutation in einer Familie identifiziert wurde und andere Angehörige mit dem Ziel untersucht werden, die Anlageträgerschaft auszuschließen oder festzustellen. Im ersteren Fall können der nicht betroffenen Person weitere Untersuchungen und Behandlungen erspart werden, im anderen Fall kann ein gezieltes Vorsorgeprogramm durchgeführt werden. Bei nicht behandelbaren und nicht verhinderbaren Erkrankungen hat prädiktive Diagnostik keinen unmittelbaren medizinischen Nutzen, weswegen besondere Anforderungen an die Beratung und den „informed consent" zu stellen sind (siehe Stichwort „Genetische Beratung").

Ein spezielles Problem ist die prädiktive genetische Diagnostik bei Kindern und Jugendlichen. Im Hinblick auf die Beurteilung der ethischen Probleme in diesem Zusammenhang gibt es nicht selten Differenzen zwischen Eltern und Ärzten in der Beurteilung der Notwendigkeit, aber auch zwischen Ärzten unterschiedlicher Fachdisziplinen. Generell sind Humangenetiker in der Bereitschaft zur Durchführung einer solchen Diagnostik in Abhängigkeit von der Behandelbarkeit einer in Frage stehenden Erkrankung am zurückhaltendsten. Unstrittig ist, dass Eltern primär die Verantwortung für ihre Kinder tragen, aber nicht beliebige Entscheidungen für bzw. über ihre Kinder fällen dürfen. Sofern medizinische Fragen berührt werden und sie des fachärztlichen Rates bedürfen, ist der Arzt in die Entscheidungen involviert und muss seinerseits Verantwortung übernehmen.

Eine *vorgeburtliche genetische Diagnostik (Pränataldiagnostik)* ist von wenigen Ausnahmen abgesehen nicht mit therapeutischen Konsequenzen – zumindest für das Kind – verbunden, will man nicht den Schwangerschaftsabbruch selbst als Therapie („therapeutischer Abort", „therapeutic abortion") betrachten. An genetischen Untersuchungsmethoden im engeren Sinne stehen zytogenetische, molekulargenetische und molekular-zytogenetische Untersuchungen an Gewebe des Mutterkuchens oder des Kindes nach verschiedenen Eingriffen, welche unterschiedliche Risiken bergen und die aus unterschiedlichen Gründen durchgeführt werden (siehe „Genetische Beratung"), zur Verfügung. Hierzu gehören vor allem die Chorionzottenbiopsie (Gewebsentnahme aus dem sich entwickelnden Mutterkuchen) in ca. der 11. Schwangerschaftswoche, die Amniozentese (Punktion der Fruchtblase ab etwa der 14. Schwangerschaftswoche) mit Gewinnung von Fruchtwasserzellen, aber auch die fetale Blutentnahme aus einem Gefäß der Nabelschnur zu einem späteren Zeitpunkt der Schwangerschaft. Deshalb lassen sich grundsätzlich auch alle genetischen Untersuchungen vorgeburtlich wie nachgeburtlich durchführen. Ein in seiner Häufigkeit kontinuierlich zunehmender Anlass für pränatale genetische Diagnostik besteht bei auffälligen Ultraschallbefunden, die auf eine genetische Störung beim Kind hinweisen. Die besondere Situation der Pränataldiagnostik ergibt sich aus der eventuellen Option eines Schwangerschaftsabbruchs nach einem auffälligen Befund. Hierzu gibt es nicht nur individuell unterschiedliche Einschätzungen der ethischen Problematik, sondern auch unterschiedliche rechtliche Regelungen in verschiedenen Ländern. Neuere Entwicklungen der genetischen Pränataldiagnostik basieren auf der Isolierung kindlicher Zellen im mütterlichen Blut, was allerdings mit zahlreichen methodischen Problemen verbunden ist. Hauptproblem ist dabei die spezifische Anreicherung kindlicher Zellen. Mithilfe von spezifischen Gensonden wird versucht, die Anzahl spezifischer Chromosomen zu bestimmen, um so Chromosomenstörungen des Kindes zu erkennen. Eine routinemäßige Anwendung dieser Methode im Bereich der Pränataldiagnostik ist gegenwärtig jedoch nicht absehbar.

Eine weitere Entwicklung ist die der *genetischen Präimplantationsdiagnostik* (PGD = „prenatal genetic diagnosis"). Hierbei wird nach einer In-vitro-Fertilisation einem Embryo im 4–8-Zell-Stadium eine Zelle entnommen und mit verschiedenen genetischen Methoden untersucht. In der Regel geht es dabei um eine in der Familie bekannte Genmutation. In Abhängigkeit vom Ergebnis wird der Embryo dann der Mutter übertragen oder nicht. Es wäre jedoch auch möglich, eine ungezielte Diagnostik z. B. im Hinblick auf Chromosomenstörungen durchzuführen und Embryonen mit Chromosomenstörungen nicht zu übertragen. Hierdurch könnte möglicherweise die Schwangerschaftsrate nach In-vitro-Fertilisation verbessert werden. Eine Präimplantationsdiagnostik ist in Deutschland wegen des Embryonenschutzgesetzes nicht zulässig, jedoch in zahlreichen anderen europäischen und außereuropäischen Ländern. Die Nichtzulässigkeit gilt nicht für die sog. *Polkörperchendiagnostik*, bei der nur die Polkörperchen der Eizelle untersucht werden, welche ein „Abfallprodukt" der Reifungsteilungen der Eizelle sind, aus deren genetischem Inhalt jedoch indirekt auf die genetische Konstitution des Embryos geschlossen werden kann, welcher aus der zugehörigen Eizelle entsteht.

Genetische Beratung

Gerhard Wolff

Genetische Beratung kann als ein (ärztliches) Angebot beschrieben werden, welches sich an alle richtet, die eine genetisch bedingte Erkrankung oder Behinderung oder ein genetisch bedingtes Risiko für sich selbst oder Angehörige einschließlich Nachkommen befürchten. Der Einsatz gezielter Anamnese und Diagnostik dient dazu, eine möglichst genaue Aussage über eine Diagnose, die Ätiologie einer Erkrankung und über eventuelle Erkrankungsrisiken zu machen, auf deren Grundlage die Patienten bzw. Ratsuchenden weitere Entscheidungen treffen können. Zentraler Bestandteil genetischer Beratung ist deshalb das Beratungsgespräch. Der untrennbare Zusammenhang mit spezifisch medizinischen Leistungen erlaubt jedoch keine Ausgliederung aus dem Verantwortungsbereich des Arztes, so dass die in der Vergangenheit erfolgte konsequente Medikalisierung der angewandten Humangenetik sinnvoll und notwendig war.

Den kommunikativen Aspekten genetischer Beratung wurde eine *Definition genetischer Beratung* gerecht, die schon 1974 von einem Ad hoc Committee on Genetic Counseling der American Society of Human Genetics erarbeitet wurde (Übersetzung vom Verf.): „Genetische Beratung ist ein Kommunikationsprozess, in dem menschliche Probleme behandelt werden, die mit dem Auftreten oder mit der Möglichkeit des Auftretens einer Erbkrankheit in einer Familie zusammenhängen. Dieser Prozess beinhaltet das Bemühen einer oder mehrerer entsprechend ausgebildeter Personen, einem Einzelnen oder einer Familie dazu zu verhelfen,

1. medizinische Fakten einschließlich Diagnose, Krankheitsverlauf und Behandlungsmöglichkeiten zu verstehen,
2. die Bedeutung von Erbfaktoren in der Ätiologie einer Erkrankung zu verstehen und Erkrankungsrisiken für bestimmte Verwandte richtig einzuschätzen,
3. die Entscheidungsmöglichkeiten bei der Verarbeitung von Erkrankungsrisiken zu verstehen,
4. diejenige Verhaltensweise zu wählen, die in Anbetracht eines Erkrankungsrisikos und der familiären Zielvorstellung angemessen erscheint, und sich entsprechend dieser Einstellung zu verhalten,

5. die bestmögliche Einstellung zu der Erkrankung eines betroffenen Familienmitgliedes bzw. zu der Möglichkeit des Wiederauftretens einer Erkrankung zu gewinnen."

Im Hinblick auf die historische Entwicklung lassen sich drei *Paradigmen genetischer Beratung* erkennen:

- Das eugenische Paradigma mit seinen Wurzeln in der eugenischen Bewegung der ersten Hälfte des letzten Jahrhunderts, vor allem in den skandinavischen und angelsächsischen Ländern, basiert auf einer wissenschaftlich nicht begründbaren, emotional getragenen, gesellschaftlichen Utopie hinsichtlich der Gesundheit und der Verbesserung des Genpools einer Bevölkerung in zukünftigen Generationen und bediente sich zur Durchsetzung dieses Zieles im Kontakt mit Patienten und Klienten je nach politischem Umfeld der Mittel von Direktivität, mittelbarem oder unmittelbarem Zwang.
- Das präventivmedizinische Paradigma setzt sich die individuelle Leidensminderung durch Verhinderung von genetisch bedingten Erkrankungen und Behinderungen zum Ziel, um so zu einer ökonomischen Verteilung knapper Ressourcen im Bereich der medizinischen Versorgung zu kommen. Es baut dabei auf das rationale Kalkül und damit auf die im Eigeninteresse gebotene Akzeptanz der als vernünftig angesehenen Entscheidungen durch Betroffene und bedient sich als Mittel zur Erreichung dieses Zieles einer wohlmeinenden, autoritativen, paternalistischen Arzt-Patienten-Beziehung.
- Das psycho(soziobio)logische Paradigma setzt sich die individuelle Hilfe für ein Individuum oder eine Familie in einer Problemsituation zum Ziel, die durch das Auftreten einer genetisch (mit)bedingten Erkrankung oder durch ein Risiko hierfür entstanden ist. Eine komplexe Interaktion zwischen Berater und Klient bzw. Arzt und Patient im Sinne eines nichtdirektiven Kommunikationsprozesses ist die Basis, auf der diese Hilfestellung bei der Bewältigung einer Problemsituation unter Beachtung psychosozialer Besonderheiten genetisch bedingter Erkrankungen geleistet wird, wobei sich sowohl direkter als auch indirekter Zwang sowie jede direktive Einflussnahme auf die Inanspruchnahme und eventuelle Entscheidungen verbietet.

Nichtdirektivität in der genetischen Beratung ist ein Konzept, worüber nach einer weltweiten Befragung von medizinischen Genetikern in 19 Nationen bei über 75% der Befragten in über 75% aller untersuchten Länder Konsensus besteht (Wertz 1989). Dieses Konzept der Nichtdirektivität in der genetischen Beratung geht von der prinzipiellen Entscheidungsautonomie des Patienten bzw. Klienten hinsichtlich der Inanspruchnahme von genetischer Beratung und Diagnostik sowie hinsichtlich der persönlichen Lebens- und Familienplanung aus. Es verpflichtet den Arzt zu umfassender Information und individueller Beratung unter Berücksichtigung von Kenntnisstand, emotionalem Zustand sowie moralischen Einstellungen seines Patienten bzw. Klienten unter Verzicht auf überindividuelle Ziele und Vermeidung jedes direkten oder indirekten Zwanges. In dem Anspruch von Nichtdirektivität drückt sich eine grundlegende ethische Orientierung der Humangenetiker aus, die sich an einer weitgehenden Patienten- bzw. Klientenautonomie orientiert.

Die *Ziele genetischer Beratung* lassen sich nicht so eindeutig wie im traditionellen medizinischen Setting definieren. In Letzterem gehen Arzt und Patient implizit oder explizit davon aus, dass der jeweils andere das Ziel „Heilung" oder „Leidensminderung" hat. Das Ausmaß der einer Maßnahme vorausgehenden Beratung und Aufklärung ist dabei einerseits von der Dringlichkeit bestimmt, mit der sie zur Erreichung des Zieles ergriffen werden muss, andererseits von den hierbei einzugehenden Risiken und den Konsequenzen. Eine Beratung wird deshalb umso eingehender und umfangreicher sein müssen, je mehr präventive Aspekte in den Vordergrund rücken. Dies gilt umso mehr, je individueller die Zieldefinitionen sind, je unterschiedlicher sie sein können und je weniger „medizinisch" ein Ziel definiert werden kann. Dies alles trifft für viele Fragestellungen zu, die in einer geneti-schen Beratung aufgeworfen werden können. Spätestens dann, wenn die medizinisch-genetische Faktenlage geklärt ist, stellt sich die Frage, wie mit den Ergebnissen bezogen auf die individuelle Person oder Familie umzugehen ist. Ein Ziel genetischer Beratung lässt sich deshalb nicht allgemein definieren, sondern muss in jedem Einzelfall erarbeitet werden. Eine internationale Umfrage unter Humangenetikern zeigt jedoch, dass diese Ansicht nicht unbedingt geteilt wird. Es besteht offensichtlich eine Ambivalenz hinsichtlich der Zielbestimmung genetischer Beratung, und ein auf die genetische Konstitution der Bevölkerung gerichteter Präventionsgedanke scheint immer noch virulent zu sein. Zwar stimmt die Mehrheit aller Befragten zu, dass als Ziel genetischer Beratung die „individuelle Hilfe zur Entscheidungsfindung" (99,8%), die „Hilfe bei der Verarbeitung eines genetischen Problems" (99,5%) und die „Hilfe bei der Verwirklichung der familiären Zielvorstellungen" (98%) wichtig sind, es stimmte jedoch auch eine Mehrheit den Zielvorstellungen „Prävention einer Erkrankung oder Störung" (97%), „Verbesserung der allgemeinen Gesundheit und Stärke einer Population„ (74%) und „Verminderung der Anzahl von Anlageträgern für genetische Störungen in der Bevölkerung" (54%) zu.

Folgende Situationen können unabhängig von der jeweiligen medizinischen Diagnose *Anlässe („Indikationen") für eine genetische Beratung* sein:

- die Geburt eines Kindes mit einer angeborenen Erkrankung oder Entwicklungsstörung,
- die Erkrankung oder Entwicklungsstörung bei einem oder mehreren Angehörigen oder bei der/dem Ratsuchenden selbst,
- eine Verwandtenehe,
- gehäufte Fehl- oder Totgeburten,
- Fertilitätsstörungen oder Sterilität,
- mutagene Einflüsse vor oder in einer Schwangerschaft,
- erhöhtes elterliches Alter,
- fruchtschädigende (teratogene) Einflüsse wie Infektionen, Medikamente, Alkohol oder andere Drogen in einer Schwangerschaft,
- eine diffuse Angst vor genetischen Störungen und/oder der allgemeine Wunsch nach prädiktiver oder pränataler Diagnostik.

Die *Struktur genetischer Beratungsgespräche* ergibt sich aus der Aufgabenstellung. Zu Beginn einer genetischen Beratung klären Arzt und Patient gemeinsam, welche Motivation zu der genetischen Beratung geführt hat, was die jeweilige Fragestellung ist und welche Erwartungen sich an das Ergebnis knüpfen. An die Erhebung der Eigen- und Familienanamnese schließt sich in der Regel die Diagnostik und/oder Auswertung vorliegender Befunde an. Moderne EDV-gestützte Recherchemethoden einschließlich Datenbanken von Syndromen (z. B. POSSUM, LDDB) oder Krankheitsgruppen (z. B. LNDB) sowie Datenbanken mit den bekannten mendelschen Merkmalen und Erkrankungen (OMIM) oder allen bekannten Chromosomenstörungen (HCDB) erleichtern schon heute die Differentialdiagnose und die Abklärung seltener oder bislang unbekannter Fehlentwicklungssyndrome und Erkrankungen. Diese Recherchemethoden werden zunehmend an Bedeutung gewinnen und in der Hand des spezialisierten Arztes zu einer schnelleren und genaueren Abklärung führen. Es folgt eine Aufklärung und Beratung über das in Frage stehende Krankheitsbild. Die Wahrscheinlichkeit für das Wiederauftreten bei den Ratsuchenden selbst, deren Nachkommen oder deren Angehörigen wird ermittelt und die ggf. zur Verfügung stehende weiterführende genetische Diagnostik besprochen. Diese Informationen sind einerseits die Grundlage für den „informed consent" (s. u.) und damit für die Entscheidung über die Inanspruchnahme weiterer genetischer Diagnostik oder anderer Maßnahmen im präventiven oder therapeutischen Bereich, andererseits können sie selbst schon unmittelbare Bedeutung für die weitere Lebens- oder Familienplanung haben. Die Beratung im engeren Sinne erfordert vom Arzt, dass die Informationen zur jeweiligen individuellen persönlichen Lebenssituation in Beziehung gesetzt werden, um den Patienten einen eigenverantwortlichen Umgang mit den Informationen und

Befunden zu ermöglichen. Klinische Untersuchungen bei den Patienten
selbst oder deren Angehörigen kann der humangenetisch qualifizierte Arzt
in der Regel selber durchführen, wohingegen Spezialuntersuchungen bei
den jeweiligen Fachärzten veranlasst werden müssen. Der beratende Arzt
ist wiederum verantwortlich für die medizinisch-genetische Interpretation der Befunde im Hinblick auf die Situation der ratsuchenden Patienten.

In der Regel wird es erforderlich sein, in einer genetischen Beratung
eine *Abschätzung von genetischen Risiken* vorzunehmen. Hierbei wird zunächst die Wahrscheinlichkeit für den Eintritt des Ereignisses, nämlich
den Krankheitsausbruch oder das Vorliegen einer Störung, in der Regel
als mendelsches oder empirisches Risiko berücksichtigt. Das zweite Ele-
ment ist der „Krankheitswert". Hierin gehen Informationen über die Symptomatik, Behandelbarkeit etc., aber auch subjektive Bewertungen der
„Schwere" ein.

Eine besondere Bedeutung hat *genetische Beratung im Kontext pränataler und prädiktiver Diagnostik.* Bei der genetischen Pränataldiagnostik handelt es sich i. d. R. um eine freiwillige Zusatzuntersuchung während der
Schwangerschaft, die die aktive Inanspruchnahme durch die Schwangere voraussetzt. Die Beratung muss deshalb umfassend und ergebnisoffen
sein. Der ansonsten in der Medizin übliche Begriff der Krankheitsprä-
vention kann in diesem Bereich keine Anwendung finden, da es sich um
Untersuchungen handelt, die einerseits dazu dienen, Befürchtungen und
Sorgen der Schwangeren abzubauen, andererseits aber – bei einem auffälligen Befund – der Schwangeren eine Entscheidungsgrundlage für den
Abbruch der Schwangerschaft wegen einer aktuellen oder zukünftigen un-
zumutbaren Belastung geben. Besondere Bedeutung kommt deshalb in diesem Zusammenhang den *Prinzipien des „informed consent"* (der informierten Einwilligung) zu. Diese werden über die Voraussetzungen für eine wirksame Zustimmung und damit über den Umfang und die Qualität der
vorausgehenden Beratung definiert. Hierzu gehören

- die angemessene Erläuterung der Untersuchung und ihrer Ziele, ggf.
  mit der Abgrenzung von Verfahren, die experimentellen Charakter haben,
- die Darstellung des voraussichtlichen Nutzens und der Risiken einschließlich von Nutzen und Risiken möglicher zukünftiger Behandlungsmaßnahmen,
- die Information über die Art der zu untersuchenden Störungen,
- die Aufklärung über die Sicherheit der Untersuchung, d. h. über die Häufigkeit falsch negativer und falsch positiver Ergebnisse (Sensitivität, Spe-
  zifität),

- eine Beratung über die Konsequenzen und Entscheidungsalternativen, die sich aus einem Befund ergeben können,
- der Hinweis, dass die Untersuchung abgelehnt werden kann,
- eine Beratung über Alternativen bei einer Entscheidung gegen die Untersuchung,
- das Angebot, weitere Fragen zu besprechen, sowie
- eine ausreichende Dokumentation des Einverständnisses mit der Durchführung der Untersuchung.

Die genetische Beratung nach einem auffälligen pränataldiagnostischen Befund hat die Erläuterung des Befundes mit der diagnostischen Sicherheit, eventuell weiterführender Diagnostik, der klinischen Konsequenzen für das sich entwickelnde Kind mit Symptomatik, Prognose, Komplikationen sowie prä- und postnatale Behandlungsmöglichkeiten zum Inhalt, weiterhin die Besprechung der möglichen Folgen der Erkrankung oder Behinderung des Kindes für das Leben der Schwangeren und ihrer Familie mit den Möglichkeiten der Vorbereitung auf das Leben mit dem betroffenen Kind, Informationen über Kontaktmöglichkeiten zu gleichartig Betroffenen und Selbsthilfegruppen und Informationen über die Möglichkeiten der Inanspruchnahme weiterer medizinischer und sozialer Hilfen. Schließlich ist über die Alternativen der Fortführung oder des Abbruchs der Schwangerschaft mit ihren jeweiligen rechtlichen, medizinischen und psychosozialen Voraussetzungen und Folgen zu informieren.

Genetische Beratung im Kontext von prädiktiver genetischer Diagnostik wurde paradigmatisch für die Huntington-Krankheit etabliert. Da es sich bei der Huntington-Krankheit um eine nicht verhinderbare und nicht behandelbare Erkrankung handelt, stehen bei diesen Beratungen die nichtmedizinischen Probleme ganz im Vordergrund. Dies stellt sich bei anderen Krankheitsbildern dann anders dar, wenn präventiv-diagnostische oder therapeutische Maßnahmen wie z. B. bei erblichen Krebserkrankungen zur Verfügung stehen. Für mehrere dieser Erkrankungen gibt es inzwischen nationale und internationale Richtlinien, die der Qualitätssicherung des Kontextes dienen sollen, in dem prädiktive genetische Diagnostik durchgeführt wird.

Bedenkt man mögliche *zukünftige Entwicklungen*, so ist zu erwarten, dass bald für sehr viele monogene Krankheiten eine direkte Gendiagnostik zur Verfügung stehen wird. Aber auch die häufigen polygenen (multifaktoriell bedingten) Erkrankungen und deren genetische Faktoren werden in den nächsten Jahren genauer analysiert sein, so dass auch hierfür Gentests zur Verfügung stehen werden. Weiterhin wird die Miniaturisierung und zunehmende Vereinfachung der Handhabung von Gendiagnostika einen unkomplizierten und kostengünstigen Einsatz ermöglichen. Prädiktive genetische Diagnostik wird also in großem Umfang und leicht durchführbar sein. Eine wichtige Aufgabe der genetischen Beratung wird es deshalb in Zukunft zunehmend sein, im Einzelfall und für jede zu diagnostizierende Erkrankung genau zu bestimmen, welchen Nutzen bzw. welchen Schaden eine Gendiagnostik ggf. haben kann.

„Therapeutisches Klonen" aus der Sicht eines Klinikers

Alois Gratwohl

Die hämatopoetische Stammzelltransplantation (HSZT) ist heute eine etablierte Therapie bei vielen schweren angeborenen oder erworbenen Erkrankungen des Knochenmarkes und bei chemo-, radio- oder immunosensitiven bösartigen Tumoren. Stammzellen aus Knochenmark, peripherem Blut oder aus Nabelschnurblut werden verwendet. Sie stammen in Abhängigkeit von Krankheit, Situation des Patienten und Verfügbarkeit der Zellen vom Patienten selbst (autologe Transplantation), von einem Geschwister, Elternteil oder anderen Familienmitglied oder von einem der mehr als 8 Millionen freiwilligen typisierten Spender der weltweit vernetzten internationalen Spenderdateien (sog. allogene Transplantation, d. h. Fremdspende). Die HSZT ist heute bei den meisten Krankheiten ab Diagnose in den Behandlungsplan eingebaut und wird, wenn möglich, zum optimalen Zeitpunkt eingesetzt. Geschätzt werden heute weltweit jährlich gegen 60 000 solcher Eingriffe durchgeführt.

Das war nicht immer so. Die HSZT hat eine lange Geschichte. Die grundsätzliche Machbarkeit wurde in den 50er und 60er Jahren des letzten Jahrhunderts aufgezeigt, jedoch dauerte es bis zu den ersten klinischen Erfolgen länger. Zu groß waren die anfänglichen Schwierigkeiten. Es brauchte viel Zeit, die einzelnen Schritte systematisch zu verbessern. Heute verstehen wir die Gesetzmäßigkeiten der Gewebeverträglichkeit und der HLA-Antigene und besitzen gut wirkende Immunosuppressiva. Heute ist es möglich, das Fehlen der Blutzellen während der Knochenmarksaplasie durch Transfusionen von Erythrozyten, Thrombozyten und durch den Einsatz von antibakteriellen, antifungalen und antiviralen Medikamenten zu überbrücken und durch geeignete präventive Maßnahmen Komplikationen zu verhindern. Stammzellen können routinemäßig in genügender Menge gewonnen, verarbeitet, gelagert und verabreicht werden. Die heutigen Möglichkeiten sind dabei nicht Produkte des Zufalls, sondern das Resultat intensiver, weltweit vernetzter Forschung.

Trotz aller Fortschritte ist die HSZT jedoch noch immer eine komplexe Therapie und oft mit Komplikationen verbunden. Immunologische Probleme wie Abstoßung, Graft-versus-Host-Krankheit sowie verzögerte Erholung des Immunsystems stehen bei der Fremdspender-Transplantation im Vordergrund. Probleme der Grundkrankheit, wie vorbestehender Organschaden und Rückfall der Krankheit trotz Transplantation, sind die Hauptschwierigkeiten der autologen Transplantation. Bei beiden können frühe Komplikationen der Konditionierung für die Transplantation sowie Langzeitfolgen, wie z. B. Sterilität und Katarakt, noch hinzukommen. Bei alledem stehen die immunologischen Probleme der Abstoßung im Vordergrund.

Gerade hier, bei den Komplikationen, zeigt sich der mögliche, einfach zu erklärende Nutzen des „therapeutischen Klonens", des Kerntransfers. Es kann geschehen, daß bei einer HSZT für eine Leukämie die Transplantation erfolgreich, die Leukämie geheilt ist. Durch die Konditionierung und die dafür notwendigen Medikamente ist ein schwerer Leberschaden aufgetreten, und der Patient stirbt an Leberversagen. Heute gibt es keine Behandlungsmöglichkeit außer einer allfälligen Lebertransplantation. Beim heutigen Organmangel und den zu erwartenden Schwierigkeiten der Transplantation in einer solchen Situation ist dies keine realistische Option. Es ist in einer solchen Situation denkbar, dass es gelingt, Leberstammzellen aus Vorläuferzellen zu generieren, zu transplantieren und die erkrankte Leber zu erneuern. Leberstammzellen aus einer Gewebebank von embryonalen Stammzellen wären eine Möglichkeit. Trotzdem bleiben die immunologischen Risiken, Abstoßung und Graft-versus-Host-Krankheit. Diese Komplikationen sollten nicht auftreten, eine zusätzlich erneute Immunsuppression wäre nicht notwendig, wenn diese Leberstammzellen durch Kerntransfer mit den genetischen Eigenschaften des Patienten sich gewinnen ließen. Sie hätten seine eigenen genetischen Gewebseigenschaften. Die für den Kerntransfer notwendigen Eizellen könnten von Familienmitgliedern der betroffenen Patienten oder von Freiwilligen gespendet werden. Aus Umfragen an Betroffenen wissen wir, dass dazu eine Bereitschaft besteht. Aus dieser „therapeutischen Sicht" ist es schwer verständlich, den Kerntransfer von vornherein verbieten zu wollen. Die Möglichkeit, für jeden Patienten Zellen zu Regenerationszwecken mit seinen eigenen Gewebseigenschaften herstellen zu können, sollte offen gehalten werden. Dies umso mehr, als sich möglicherweise Alternativen an pluripotenten Stammzellen anbieten werden, die eine hohe Zahl notwendiger Eispenden hinfällig werden lassen.

Angst vor dem Kerntransfer

Die bestehende Angst vor dem Kerntransfer ist für den Forscher und Therapeuten nicht begründbar, jedoch nachvollziehbar. Sie beginnt mit dem Namen. Der Begriff „Klonen" ist gekoppelt mit dem reproduktiven Klonen und den Bildern von Aldous Huxleys „Schöner Neuer Welt" bis zum „Krieg der Klone" in den Starwars. Sie wird verstärkt durch die öffentliche Wahnvorstellung der Raelianer über die Unsterblichkeit oder die verantwortunglose Publizistik von Personen wie Dr. Antinori. Für viele werden Unterschiede verwischt und die generelle Ablehnung des reproduktiven Klonens wird ausgeweitet auf das therapeutische Klonen. Gemeinsam sind beiden Vorgängen nur wenige Abschnitte im langen Prozess vom ersten bis zum letzten Schritt. Ausgangslage und Zielsetzung sind völlig anders. Reproduktion von Individuen oder Regeneration von Gewebe zur therapeutischen Anwendung sind weit auseinander liegende Vorgänge. Eine Ablehnung von beiden Techniken mit der gleichen Argumentation ist nicht haltbar und nur aus fundamentalistischer Sicht begründbar. Wenn jeder Eingriff in den Ablauf des Lebens abgelehnt wird, von der Geburtenplanung über Organspende bis zur Sterbebegleitung, ist dies nachvollziehbar. In unsrer pluralistischen Gesellschaft ist diese Argumentation keine ausreichende Basis für einen Konsens. Sie ist zudem auch nicht zukunftsweisend.

In der Angst vor der Zukunft liegen wahrscheinlich viel mehr Gründe für eine Ablehnung des Kerntransfers verborgen, als wir wahr haben wollen. In keinem Gebiet der Wissenschaft ist innerhalb so kurzer Zeit so viel geschehen, das bis vorher als „nicht möglich" galt. Bis vor Dolly galt das Dogma, dass es nicht möglich ist, Säugetiere zu klonen. Bis vor kurzem galt für die Entwicklung der Stammzellen das Prinzip der Einbahnstraße. Plastizität der Stammzellen oder Reprogrammierbarkeit der Stammzellen galt als unmöglich. Jeder „vernünftige" Forscher hätte es abgelehnt, Möglichkeiten wie Dolly oder die Reparatur von Herzinfarktgewebe durch Stammzellen aus dem Knochenmark als realistische Projekte anzusehen. Heute ist die einzige Sicherheit, die wir haben, die, dass schon morgen wieder eine Entdeckung veröffentlicht wird, von der wir noch heute sagen, dass sie unmöglich sei. Moratorien, die Forschung für eine bestimmte Zeit einzuhalten, sind keine Lösung. Alternativen müssen gefunden werden.

In diesem Kontext gehört die Beobachtung im Frühjahr 2003, dass es möglich ist, im Reagenzglas aus embryonalen Stammzellen Eizellen zu züchten. Die Konsequenzen dieser Beobachtung kann man sich leicht ausdenken, vom Missbrauch bis zum therapeutischen Nutzen. Eizellen könnten aus zirkulierenden multipotenten Progenitorzellen von jedem Individuum gewonnen werden. Eizellen könnten auch von männlichen Individuen generiert und befruchtet werden; reproduktives Konen bekäme eine neue, ethisch noch schwierigere Dimension. Umgekehrt sind die positiven Nutzen auch denkbar: Gelingt es, Eizellen aus pluripotenten Progenitorzellen zu züchten, sind die Problematik der Eispende, der damit verbundene Mangel an Spenderinnen und die Sorge der so genannten

Instrumentalisierung der Spenderinnen hinfällig. Genügend „Ausgangs-material" für Kerntransfer stünde zur Verfügung. Noch sind dies theoretische Überlegungen. Es kann sein, dass diese Gedanken nie Realität werden, es kann sein, dass dies bereits morgen möglich wird.

Damit vertiefen sich die Ängste vor dem Unbekannten. Wir wissen vom Experiment Dolly, dass Faktoren der Eizelle dem transferierten adulten Kern wieder erlauben, gleichsam embryonalen Status anzunehmen und dort wieder anzufangen, wo auch die befruchtete Eizelle im normalen Lebenszyklus beginnt. Wir kennen diese Faktoren noch nicht. Wir wissen nicht, ob es einer oder mehrere sind, wie sie geregelt werden und wo sie entstehen. Aber wir werden es eines Tages wissen. Dann wird es vielleicht möglich sein, unabhängig von Kerntransfer und unabhängig von einer Eizelle einer Vielfalt von adulten Zellen das Potenzial embryonaler Zellen zurückzugeben. Blutzellen, Hautzellen, Muskel- oder Leberzellen könnten entnommen werden, mit diesen Faktoren versehen werden und embryonalen Zellstatus erhalten. Die gleichen Möglichkeiten zu Missbrauch und Reproduktion sind vorhanden wie zu therapeutischem Nutzen. Aber wiederum: Wir wissen nicht, ob es gelingen wird, wir wissen nur, dass es denkbare Möglichkeiten sind. Und deshalb gilt es, unser heutiges Denken und unser heutiges gesetzgeberisches Handeln darauf einzurichten.

Die Ehrfurcht vor dem Leben und der besondere Schutz des ungeborenen Lebens sind in allen Gesellschaften vorhanden. Sie sind nie absolut und immer mit einem Abwägen der Güter verbunden. Die Gewichtung kann dabei unterschiedlich sein. Es gibt schon heute subtile Unterschiede. Eine entkernte Eizelle hat nach der Meinung Vieler nicht von vorneherein denselben moralischen Status wie eine normal befruchtete Eizelle. Noch schwieriger wird es, den gleichen Status werdenden Lebens und werdenden Individuums einer Zelle zuzuordnen, die im Reagenzglas generiert wird. Neue Bezeichnungen sind notwendig, wenn eine adulte Zelle, mit dem Faktor X versehen, wieder embryonalen Status erhält oder wenn eine im Reagenzglas generierte Eizelle mit einem adulten Kern versehen wird. Die Bezeichnung „Embryo" ist sicher nicht adäquat in diesem Kontext. Der Schutz vor Missbrauch ist unabdingbar. Ein Verbot, Erkenntnis zu gewinnen und therapeutische Möglichkeiten zu nutzen, ist nicht gerechtfertigt. Wieder: neue Begriffe und neue Ansätze sind gefragt.

Möglichkeiten aus dem Dilemma

Die Diskussionen um die Forschung und Anwendung an Stammzellen sieht im Moment verrannt aus. Verbote auf der einen Seite, völlige Freiheit und Wegweisen von Einschränkungen auf der anderen Seite führen nicht weiter. Schlagwörter wie „Unantastbarkeit des Lebens" blockieren, ohne Antworten zu geben. Es gehört zum Geheimnis des Lebens, dass Anfang und Ende nicht wissenschaftlich zu definieren sind. Nur dass Leben da ist oder nicht mehr da ist, kann festgelegt werden. Ebenso gehört Fragen, Forschen und Suchen nach neuer Erkenntnis zum Menschsein. Forschungsverbote führen nicht weiter und schützen nicht vor Missbrauch. In diesem Sinn gilt die Sage von Prometheus auch heute noch. Die Menschheit hat umgekehrt sehr gut gelernt, damit umzugehen, dass Fortschritt immer Vor- und Nachteile, Gewinn und Risiken verbindet. Der Einsatz von Chemiewaffen wird nicht durch ein Verbot der chemischen Industrie verhindert, der Einsatz von biologischen Waffen nicht durch ein Verbot von bakteriologischen Labors und der Einsatz von Atomwaffen nicht durch ein Verbot der Kernforschung. Diese Beispiele könnten auch als Modell für die Regelung der Stammzellforschung dienen.

Zuerst gilt es, die Reproduktionsmedizin von der Regenerationsmedizin zu trennen. Für Forschung und Anwendung zu Reproduktionszwecken sollten andere Begriffe dienen als für Forschung und Anwendung zur Gewebereparatur. Dies ist einfacher möglich in der Anwendung als in der reinen Grundlagenforschung, aber machbar.

Die Basis für jede Forschung und Anwendung kann auf den Prinzipien der Transparenz beruhen. Jede Institution verpflichtet sich in einer Erklärung, auf reproduktives Klonen zu verzichten. Sie verpflichtet sich darauf, nur Projekte durchzuführen, die einer ethischen Kommission vorgelegt und bewilligt sind. Sie verpflichtet sich darauf, jederzeit alle Labors, Unterlagen und Erkenntnisse einer Kommission bei Inspektion zur Einsicht zur Verfügung zu stellen. Eine solche Kommission könnte analog der Internationalen Atomenergiekommission international bestellt werden. Wer dafür verantwortlich ist, wie sie zusammengesetzt ist, bleibt zu diskutieren. Die WHO wäre eine der Institutionen, die dafür in Frage kommen.

Ausblick

Die Anwendung von Stammzellen ist ein Gebiet, das als Therapiemodell der Zukunft bezeichnet wird. Es gilt, die Stammzelltherapie und ihr Potenzial zu nutzen. Das Beispiel der HSZT gibt uns dafür den Ansporn. Es wäre unverzeihlich, diese Chance nicht zu ergreifen. Wir leben zudem in einer globalen Welt. Stammzellforschung findet statt. Wir leben auch in einer pluralistischen Gesellschaft. Es gilt insbesondere, den aktuell bestehenden weltweiten Konsens über das reproduktive Klonen zu nutzen. Niemand befürwortet das reproduktive Klonen außer den eingangs erwähnten Raelianern. Eine Ächtung könnte heute weltweit durchgesetzt und kontrolliert werden, mit greifbaren Instrumenten. Ein Verbot beider, des reproduktiven und therapeutischen Klonens und ein Vermischen von Reproduktion und Regeneration ist nicht realisierbar, nicht wünschenswert und nicht zukunftsorientiert. Es fördert den Konflikt. In vielen Ländern ist der Kerntransfer schon heute erlaubt. Diese Länder sind nicht weniger ethisch als wir. Eine gespaltene Situation lädt gerade zum Missbrauch ein: Schon morgen werden Technologien da sein, die wir heute noch nicht definieren können. Ein Überwachungs- und Kontrollkonzept, basierend auf einer Deklaration, das reproduktive Klonen zu bannen, ist jederzeit adaptierbar. Es wäre schön, könnte hier die Schweiz Pionierarbeit leisten.

Biobanken für die medizinische Forschung: Probleme und Potenzial[1]

Eve-Marie Engels

Biobanken sind privat oder öffentlich unterhaltene Einrichtungen zur langfristigen Speicherung von Substanzen des menschlichen Körpers und zur Speicherung genetischer und anderer medizinisch relevanter Daten und Informationen, die mit diesen Körpersubstanzen in Zusammenhang stehen. Zu den *Körpersubstanzen* gehören vor allem Zellen, Gewebe, Blut und die DNA als materieller Träger genetischer Information. Mit *Daten und Informationen* sind hier sowohl die aus diesen Körpersubstanzen gewonnenen genetischen und anderen medizinisch relevanten Daten gemeint als auch personenbezogen erhobene, medizinisch relevante Daten über Gesundheitszustand, Lebensstil und Lebensbedingungen der Probenspender.[2] Die Besonderheit dieser Biobanken besteht in der *Verknüpfung* der aus den Körpersubstanzen gewonnenen Daten und Informationen mit personenbezogenen Daten und Informationen dieser Art.

Die *biomedizinische Forschung* setzt große Hoffnungen auf solche Biobanken, weil sie eine zunehmend wichtige Rolle bei der Erforschung der Ursachen von Krankheiten einschließlich epidemiologischer Untersuchungen sowie für die Entwicklung diagnostischer und therapeutischer Methoden und Anwendungen spielen sollen. Dies gilt vor allem für die so genannten Volkskrankheiten, d. h. für Krankheiten, die in der Bevölkerung weit verbreitet sind, wie Herz-Kreislauf-Erkrankungen, Stoffwechselstörungen, Hormonerkrankungen, Krebs sowie für Erkrankungen des Nervensystems, Infektions- und Immunerkrankungen. Auch für die angesichts knapper Ressourcen immer relevanter werdende Gesundheitsvorsorge könnte aus Biobanken ein reichhaltiges Wissen geschöpft werden. Die Einsicht in die Zusammenhänge zwischen Genen, Lebensweise und Krankheitsanfälligkeit könnte von großer therapeutischer und pro-

---

1 Dieser Beitrag ist ein geringfügig veränderter Wiederabdruck meiner Einführung in eine Tagungsdokumentation des Nationalen Ethikrates, erschienen unter dem Titel *Biobanken. Chance für den wissenschaftlichen Fortschritt oder Ausverkauf der „Ressource" Mensch? Jahrestagung des Nationalen Ethikrates 2002.* Hamburg, 2003.
2 Bei Begriffen wie „Spender" und „Patient" wird im Folgenden der Einfachheit halber die maskuline Form für beide Geschlechter verwendet.

phylaktischer Bedeutung sein. Für die Pharmakogenetik und Pharmakogenomik stellen Biobanken eine wichtige Grundlage für die Möglichkeit der Entwicklung von Medikamenten dar, die auf die spezifische Besonderheit individueller Patienten, Patientengruppen oder bestimmter Krankheitsverläufe zugeschnitten sein sollen. Biobanken sollen damit dem Wohl *individueller Patienten* wie dem *Gemeinwohl* dienen.

Wieso ziehen Biobanken heute in zahlreichen Ländern mehr und mehr die Aufmerksamkeit von Politik, Wissenschaft, Wirtschaft und Ethikkommissionen auf sich? Warum hat sich der Nationale Ethikrat diesem Thema gewidmet, sind menschliche Körpersubstanzen aller Art doch seit langem gesammelt, asserviert und für unterschiedliche Zwecke verwendet worden, ohne dass hierfür ein spezieller ethischer und rechtlicher Regulierungsbedarf gesehen worden wäre? Der Ethikrat will dazu beitragen, eine öffentliche Diskussion über Biobanken in Gang zu setzen. Dessen Auftrag, ein „nationales Forum des Dialogs über ethische Fragen in den Lebenswissenschaften" zu sein und „zu ethischen Fragen neuer Entwikklungen auf dem Gebiet der Lebenswissenschaften sowie zu deren Folgen für Individuum und Gesellschaft" Stellung zu nehmen, schließt selbstverständlich auch solche Themen ein, die in ihrer Tiefe und Reichweite innerhalb unserer Gesellschaft noch nicht in vollem Umfang diskutiert werden.

Die Öffentlichkeit für das Thema „Biobanken" sensibilisieren

In der allgemeinen Öffentlichkeit steht das Thema „Biobanken" bei uns noch im Schatten der viel lebhafter diskutierten Fragen um die ethische und rechtliche Vertretbarkeit der Präimplantationsdiagnose und der Forschung an embryonalen Stammzellen, und dies, obwohl ein großer Personenkreis von der Einrichtung und Nutzung dieser Biobanken betroffen sein kann. Daher ist es wichtig, die Öffentlichkeit prospektiv für Problemstellungen zu sensibilisieren, mit denen wir als Individuen sowie unsere Gesellschaft als Ganzes in absehbarer Zeit zunehmend konfrontiert werden können.

Hier lassen sich auch noch wichtige Weichenstellungen für die Regulierung des Umgangs mit Biobanken vornehmen. Die übernationale Bedeutung dieses Themas wird dadurch unterstrichen, dass die Biobanken im Oktober 2001, im Juni 2002 und im Februar 2003 Gegenstand gemeinsamer Sitzungen und Veranstaltungen der Nationalen Ethikräte Deutschlands und Frankreichs in Berlin und Paris waren. In manchen der in dieser Einführung thematisierten Problemaspekte und Fragen spiegelt sich die fruchtbare Kooperation der beiden Ethikräte wider. Biobanken bzw. Gendatenbanken („human genetic databases") sind bereits auch Gegenstand zahlreicher ausländischer und internationaler Berichte, Empfehlungen, Stellungnahmen und vereinzelt von Gesetzen.

Welche spezifischen ethischen, rechtlichen und gesellschaftlichen Fragen stellen sich im Zusammenhang mit Biobanken? Vorausgeschickt sei, dass es eine Vielfalt unterschiedlicher Arten von Biobanken gibt, die auch im Dienst spezifischer Zwecksetzungen stehen können, etwa Sammlungen von Körpersubstanzen als Ressourcen für die Transplantationsmedizin. Dieser letztgenannte Bereich unterliegt bei uns und in vielen anderen Ländern bereits gesetzlicher Regulierung. Ein Desiderat hinsichtlich ethischer und rechtlicher Reflexion und Normierung bilden demgegenüber solche Biobanken, in denen Körpersubstanzen und damit zusammenhängende Daten/Informationen für *Forschungszwecke* gesammelt werden, sei es, dass sie Patienten im Rahmen medizinischer Eingriffe entfernt oder entnommen wurden und nun zur Weiterverwendung für Forschungszwecke in Biobanken asserviert werden (z. B. Zentrale Ethikkommission der Bundesärztekammer, 2003), sei es, dass sie von Spendern eigens für diese Zwecke erbeten werden. Durch die fortschreitende Entwicklung *molekulargenetischer Untersuchungsmethoden* und *Diagnosemöglichkeiten* wird es in zunehmendem Maße möglich sein, Körpersubstanzen in bereits bestehenden oder in neu anzulegenden Biobanken auf Weisen zu nutzen, die qualitativ und quantitativ über die bisherigen Nutzungsmöglichkeiten hinausgehen. Dazu ist es erforderlich, eine riesige Anzahl von Proben zu sammeln und aus ihnen genetische und andere medizinisch relevante Daten zu gewinnen. Diese sind jedoch nur *interpretierbar* und für die diagnostischen und therapeutischen Zwecke der medizinischen Forschung *verwertbar*, wenn personenbezogene Informationen über den Gesundheitszustand und medizinisch relevante Daten über Lebensstil und Lebensbedingungen der Spender erhoben und mit den aus den Proben gewonnenen Daten verknüpft werden. Ziel ist es, das komplexe Zusammenspiel von Genen bzw. Genmustern einerseits und Umwelt einschließlich lebensstilbedingter Einflüsse andererseits bei der Herausbildung von Krankheiten zu ermitteln. Statistisch aussagekräftige Korrelationen zwischen der genetischen Ausstattung von Individuen, d. h. ihren Genen bzw. Genmustern, Lebensstil, Umweltbedingungen und Gesundheit bzw. Krankheit sind nur auf der Grundlage großer Mengen an Körpersubstanzen möglich. *Genetische Daten* und die mit diesen verknüpften *personenbezogenen Informationen* werden damit zu einem *eigenen Gegenstand* der ethischen und rechtlichen Betrachtung *neben* den Körpersubstanzen selbst. Die Besonderheit der hier zur Diskussion stehenden Biobanken, welche auch ihre *Brisanz* ausmacht, besteht in diesem Doppelcharakter, sowohl Gewebe- als auch Daten- und Informationsbanken über Gewebespender zu sein. Aus diesem Grunde könnte auch von *Biotheken* statt von Biobanken gesprochen werden, ein Begriff, der im Französischen verwendet wird („biothèques"). Dies bezieht sich nicht nur auf die Sammlung von Proben individueller Patienten und Spender, sondern insbesondere auch auf die von Bevölkerungsgruppen, Populationen oder ganzen Nationen. Als Beispiele hierfür können Island, Großbritannien und Estland angeführt werden, wo derartige Projekte bereits durchgeführt werden (Island, Estland) bzw., wie in Großbritannien (Barbour, Virginia; 2003), kurz vor dem Beginn stehen. Auch in Japan wurde ein Biobank-Projekt gestartet (Triendl, Robert; 2003), und in den USA ist der Aufbau einer Biobank mit Proben aus der afroamerikanischen Bevölkerung geplant (Kaiser, Jocelyn; 2003). Die bisherigen, teilweise sehr engagiert und lebhaft geführten Diskussionen über Einrichtung und Nutzung derartiger Biobanken verdeutlicht, dass die besondere ethische und rechtliche Herausforderung von Biobanken in der „Gratwanderung" besteht, dem *Gemeinwohl* zu dienen, ohne dabei *Individual- und Kollektivrechte* zu verletzen.

Biobanken sind daher nicht nur Hoffnungsträger für die medizinische und pharmazeutische Forschung und deren potenzielle Nutznießer, sondern sie lösen auch Ängste und Misstrauen aus. Die mit Biobanken verbundenen ethischen und rechtlichen Herausforderungen sind vielfältiger Art und machen einen *Rahmen neuer und kohärenter Regulierungen nationaler und internationaler Reichweite* dringend erforderlich. Diese Regulierungen müssen die Art und Weise der *Gewinnung, Speicherung, Handhabung* und *Nutzung* von Körpersubstanzen und Daten zum Gegenstand haben. Biobanken sind *Aktivitätskomplexe,* die aus diesen vier verschiedenen Bereichen bestehen, von denen jeder einzelne spezifische Fragen aufwirft, die jedoch alle auf kohärente Weise geregelt werden müssen.

Ein derartiger Rahmen soll sowohl dem *Schutz der Personen,* die ihre Körpersubstanzen zur Verfügung stellen, als auch der *Rechtssicherheit der biomedizinischen Forschung* dienen. Ohne eine angemessene Regulierung von Biobanken auf nationaler und internationaler Ebene, die gleicherweise für öffentlich und privat finanzierte Forschung gilt und für wissenschaftliches Handeln klar definierte Grenzen und Spielräume festlegt, gibt es keine Möglichkeit einer fruchtbaren Forschung in diesem Bereich. Vielmehr würde sich die biomedizinische Forschung seitens der Bevölkerung der Furcht und dem Verdacht des Missbrauchs von Körpersubstanzen und personenbezogener Information aussetzen.

Im Folgenden sollen einige der wichtigsten Fragestellungen im Zusammenhang mit Biobanken für die biomedizinische Forschung benannt werden.

Biobanken als „Aktivitätskomplexe"

Bei Biobanken ist keineswegs alles „unter einem Dach" untergebracht, wie der Begriff suggerieren mag. Die Handhabbarkeit und Regulierbarkeit von Biobanken macht es vielmehr erforderlich, vier verschiedene Bereiche im Auge zu behalten, nämlich die *Gewinnung, Speicherung, Handhabung* und *Nutzung* von Körpersubstanzen und Daten. Diese vier Bereiche sind nicht schon per se miteinander verbunden, sondern ihr Zusammenhang wird erst durch die *Funktion von Biobanken* hergestellt. Insbesondere bei den großen Biobanken, mit denen wir uns hier befassen, gibt es in jedem einzelnen dieser Bereiche *spezifische Akteure,* die meist nicht identisch sind mit den Akteuren der anderen Bereiche. Diejenigen, welche Körpersubstanzen gewinnen, wie z. B. Ärzte und Mediziner, die ihren Patienten bzw. Spendern Proben entnehmen, sind nicht unbedingt dieselben, die diese Proben in einer Biobank speichern und codieren, und diese sind wiederum nicht die Wissenschaftler, welche sie im Rahmen ihrer Forschungen für bestimmte Zweck verwenden. Auch innerhalb ein und desselben Bereichs gibt es unterschiedliche Akteure. Diejenigen, welche die Proben gewinnen, müssen nicht identisch mit denjenigen sein, welche aus diesen Proben genetische Daten erheben. Aus diesem Grunde können Biobanken als *Aktivitätskomplexe* bezeichnet werden. Nicole Questiaux vom Nationalen Ethikrat Frankreichs (CCNE) spricht hier von einer *„Handlungskette"* („chaîne des opérations"), die eine *„Kette der Verantwortlichkeiten"* („chaîne de responsabilités") sein muss. Damit die vier angeführten Bereiche der Gewinnung, Speicherung, Handhabung und Nutzung von Proben und Daten/Information aber tatsächlich den Charakter einer „Kette" bekommen, bedarf es eines neuen und einheitlichen Rahmens der Regulierung, dem dieser Aktivitätskomplex „Biobank" unterworfen wird. Die Möglichkeit der Zuweisung von Verantwortung beinhaltet auch die der *Haftbarmachung* für die unerwünschten Konsequenzen einer Handlung oder Technik. Eine einheitliche, alle vier Bereiche umfassende Regulierung kann dazu dienen, der Verantwortungsdiffusion entgegenzuwirken. Dieser der Sozialpsychologie entlehnte Be-griff bezeichnet das Phänomen der abnehmenden Bereitschaft zur Verantwortungsübernahme in Abhängigkeit von der steigenden Anzahl der Anwesenden bzw. der beteiligten Akteure. Nur wenn es für ein so komplexes Gebilde wie Biobanken klar definierte Regulierungen gibt, kann einer Verantwortungsdiffusion und damit dem Missbrauch vorgebeugt werden.

Während in den vier genannten Bereichen unterschiedliche Akteure wirksam sind, die ihre je spezifischen Funktionen erfüllen, gibt es jedoch auch *fixe Bezugssubjekte.* Diese sind die Spender der Körpersubstanzen und damit der personenbezogenen Informationen und Daten. Dies macht sie verwundbar und damit besonders schutzbedürftig. Aus diesem Grunde muss jeder einzelne dieser Bereiche sowie die Handlungskette als Ganzes durch bestimmte *ethische Prinzipien*, welche den rechtlichen Regulierungen zugrunde liegen und in ihnen ihren Ausdruck finden, strukturiert werden. Diese ethischen Prinzipien sind das übergeordnete Prinzip der Achtung vor der Menschenwürde und die in diesem Kontext relevanten Prinzipien der biomedizinischen Ethik, weiterhin spezielle, für diesen Bereich einschlägige Prinzipien wie das der Nichtkommerzialisierbarkeit des menschlichen Körpers und das der Achtung der Persönlichkeitsrechte einschließlich des Datenschutzes, aber auch sozialethische Prinzipien, wie das der Gerechtigkeit. Diese Prinzipien stellen die Perspektive dar, unter der die Reglementierung der vier Bereiche zu erfolgen hat. Welche Fragen stellen sich in Bezug auf die genannten vier Bereiche im Einzelnen, wo liegt Klärungsbedarf, welche ethischen Verpflichtungen leiten sich für die jeweiligen Akteure ab?

Diese ethische Perspektive – und dies macht die Brisanz des Problems aus – kann in einer Spannung zu anderen Perspektiven und Interessen stehen, zum Interesse an der ökonomischen Verwertbarkeit des auf der Grundlage von Proben und Daten gewonnenen Wissens, zum Interesse an geistigem Eigentum bzw. „intellectual property rights", zum Interesse an personenbezogenen Daten für forensische Zwecke, für Arbeitgeber und Versicherungen. Die Einrichtung von Biobanken für *Forschungszwecke* beinhaltet meist die Weitergabe von Körpersubstanzen bzw. von personenbezogen erhobenen Daten und Informationen an Dritte, außer bei der Sammlung von Proben, die von Anfang an keiner speziellen Person zugeordnet werden können und damit anonym sind. Letztere machen wohl jedoch aufgrund der zuvor beschriebenen, mit Biobanken verfolgten Forschungszwecke den geringsten Anteil an Proben aus. Damit eröffnet sich in einem viel größeren Ausmaß als bisher die Möglichkeit, Körpersubstanzen und personenbezogene Daten der Kontrolle der einzelnen Spender zu entziehen, zumal dieser Transfer im Zuge der *Globalisierung* auch *länderübergreifend* erfolgen kann. Dies begründet eine besondere *räumliche Extension* von Biobanken. Spender von Körpersubstanzen müssen daher durch klare Regulierungen vor einer missbräuchlichen Nutzung ihrer personenbezogenen Daten in anderen Kontexten als dem der Forschung geschützt werden. Sie müssen die Gewissheit haben, dass ihre Proben und Daten mit ihrer Einwilligung ausschließlich für Forschungszwecke verwendet werden, nicht für Versicherungen, Arbeitgeber oder andere Interessenten, und in der Forschung wiederum nur für solche Zwecke, die sie für ethisch und rechtlich vertretbar halten und denen sie zustimmen können. Letzteres gilt vor allem auch angesichts der Globalisierung. Spender müssen sich darauf verlassen können, dass ihre Gewebeproben in Ländern mit liberaleren gesetzlichen Regelungen nicht für Forschungs- oder andere Verwendungszwecke benutzt werden, die sie für ethisch nicht vertretbar oder persönlich nicht für wünschenswert halten, wie z. B. für therapeutisches oder gar reproduktives Klonen. Neben der *Gewinnung* menschlicher Körpersubstanzen unterliegt dieser Gesamtbereich des *Zugangs* zu Biobanken und ihrer *Nutzung* daher einem besonderen Regulierungsbedarf.

Spezielle Fragen im Zusammenhang mit den Aktivitätskomplexen bezüglich „Biobanken"

Freie und aufgeklärte Zustimmung, Persönlichkeitsrechte, Datenschutz

Die Frage der freien und aufgeklärten Zustimmung gehört zu den wichtigsten und am kontroversesten diskutierten in diesem neuen Themenfeld der Biobanken. Die Achtung vor der freien und aufgeklärten Zustimmung eines Patienten zu einer Behandlungsmethode oder Forschung gehört zu den grundlegenden Prinzipien der biomedizinischen Ethik. Daher sollte dieses Prinzip auch für alle vier genannten Bereiche als strukturierende Perspektive der hier stattfindenden Aktivitäten fungieren. Doch ist es bei den Biobanken nur eine *notwendige*, aber *keine hinreichende Bedingung* für deren Regulierung. Und obwohl es eine notwendige Bedingung darstellt, ist es in diesem Kontext äußerst klärungsbedürftig. Hier stellen sich spezielle Fragen, welche die Art und Reichweite der Zustimmung, den Aufklärungsgrad, das Verhältnis von Individual- und Gemeinwohl, die Beziehung zwischen Individuen und ihren genetisch Verwandten und anderes betreffen. Vereinzelt stellen sich diese Fragen auch in anderen Kontexten und Anwendungsbereichen der Medizin, bei den Biobanken treten sie jedoch gebündelt auf.

Zunächst einmal stellt sich die Frage, auf *welche Forschungsziele* sich die freie und aufgeklärte Zustimmung des Spenders von Körpersubstanzen bezieht. Sind es ausschließlich vorab definierte Ziele, *Primärziele*, für die Körpersubstanzen mit Einwilligung der Spender gesammelt und Daten erhoben werden, oder können auch weitere wissenschaftliche Vorhaben unter Verwendung dieser Körpersubstanzen und Daten verfolgt werden, die vorher nicht absehbar waren, da sie der kognitiven Dynamik des Forschungsprozesses entspringen? Sollen Spender von vornherein im Vertrauen auf die Integrität der Forschung eine Zustimmung zur Verwendung ihrer Körpersubstanzen und der damit verknüpften Daten und Informationen für alle aus einer wissenschaftlichen Fragestellung erwachsenden und zuvor nicht absehbaren Untersuchungsziele geben, für *Sekundär-, Tertiär-* und *weitere Ziele*, also eine Generalzustimmung, die im Falle der Unkenntnis aller weiteren Ziele und Fragestellungen eine „Blankozustimmung" wäre? Oder bietet sich eher die Widerspruchslösung an? Kann überhaupt von einer „aufgeklärten" Zustimmung zu allen Forschungszielen gesprochen werden, wenn diese noch gar nicht bekannt sind? „Aufgeklärt" ist eine Zustimmung meines Erachtens doch nur, wenn hinreichende Informationen über Ziele und Durchführung der Forschung zur Verfügung gestellt werden, was am Anfang eines Forschungsvorhabens jedoch gar nicht immer möglich ist, insbesondere dann nicht, wenn wir es mit einem so komplexen und neuen Gegenstand wie der Erforschung des Zusammenwirkens von Genen bzw. Genmustern und Lebensbedingungen bei der Entstehung von Krankheiten und ihrer Therapie zu tun haben. Und haben Patienten das Recht und die Möglichkeit, jederzeit aus einem Forschungsprojekt „auszusteigen"?

Die Beantwortung all dieser und weiterer Fragen hängt auch vom Identifizierungsgrad, oder anders ausgedrückt, von der Art und vom Grad der Anonymisierung der in einer Biobank gelagerten Proben und Daten ab, womit wichtige Fragen der *Persönlichkeitsrechte* und des *Datenschutzes* angesprochen werden. Patienten bzw. Spender, die ihre Körpersubstanzen für Biobanken zur Verfügung stellen, entäußern sich damit nicht ihres Rechtes, über Aufbewahrungs-, Handhabungs- und Nutzungsweise sowie Nutzungsziele dieser Proben und der damit verknüpften personenbezogenen Daten und Informationen selbst zu bestimmen. Doch wie weit reicht diese Selbstbestimmung? Sollte die freie und aufgeklärte Zustimmung von Spendern zu Forschungsvorhaben gleicherweise für anonymisierte, deidentifizierte, kodierte und identifizierte Daten gelten, also ganz unabhängig vom Identifizierungsgrad der personenbezogen erhobenen Daten und Informationen sein, oder sollten für anonymisierte Daten liberalere Regelungen als für identifizierte zugelassen sein? Eine vollkommene und irreversible Anonymisierung von Proben und Daten, bei welcher eine Zuordnung zum Spender nicht mehr möglich ist, da der Zuordnungsschlüssel oder Code ein für allemal gelöscht wurde, wird sich bei vielen Forschungsvorhaben als kontraproduktiv erweisen. Im Vollzug der Forschung werden häufig neue Erkenntnisse erzielt, die wiederum neue Fragestellungen generieren, welche sich nur im Lichte der Krankheitsgeschichte und spezifischen Lebensbedingungen eines bestimmten Patienten oder einer Patientengruppe deuten und beantworten lassen. In diesem Fall ist die Integration der Ergebnisse in das Gesamtprofil der Patienten bzw. Spender notwendig. Sollten Probenspender daher die Wahlmöglichkeit zwischen verschiedenen Formen der Zustimmung haben, also die Möglichkeit einer freien und aufgeklärten Zustimmung zu der von ihnen gewählten Zustimmungsart, einer „Zustimmung zur Zustimmung"?

Darüber hinaus ist die freie und aufgeklärte Zustimmung zu spezifizieren in Bezug auf die *Subjekte* der Zustimmung – Individuen, Gemeinschaften, Populationen – und auf die Relation zwischen *individueller Einwilligung* und

Gemeinschaftseinwilligung. Es sind Bereiche vorstellbar, in denen die Einholung der freien und aufgeklärten Zustimmung individueller Spender nicht ausreicht, weil durch die *Vernetzung* der Daten vieler Einzelner eine *neue Informationsqualität* entsteht, die auch eine neue Dimension des Missbrauchspotenzials (Problematik der Diskriminierung und Stigmatisierung von Kollektiven) beinhaltet. Hier ist das Verhältnis von *Individualrechten* und *Gemeinwohl* zu klären. In solchen Fällen bedarf es einer zusätzlichen Regulierung. Doch auch wenn ausschließlich die Daten von Individuen und nicht von größeren Gruppen erhoben werden, stellen sich hier besondere Fragen, die durch die Reichweite genetischen Wissens bedingt sind. Spenderbezogene genetische Daten betreffen nicht nur diejenigen Individuen, von denen die Körpersubstanzen stammen, sondern auch ihre *genetisch Verwandten*, womit die Interessen und Rechte Dritter tangiert sein können. Spender haben ein Recht auf Wissen und Nichtwissen um ihre genetische Konstitution. Wie gehen sie mit diesem Wissen um, wenn sie im Rahmen eines Forschungsprojektes von einer genetisch bedingten Krankheitsdisposition erfahren, die auch genetisch Verwandte betrifft? Hier ist auch die *zeitliche Dimension* zu berücksichtigen, wenn Informationen für *prädiktive genetische Diagnosen* genutzt werden. Sie können nicht nur das Individuum, sondern auch seine Kinder betreffen und berühren damit unter Umständen die Reproduktionsentscheidungen der Probenspender.

Die *Nutzung der Forschungsergebnisse* durch Forschende und Industrie beinhaltet die Möglichkeit der Kommerzialisierung des auf der Grundlage der Verwendung von Proben und Daten gewonnenen Wissens. Spender von Körpersubstanzen sollten daher auch über Möglichkeit und Absichten der *Kommerzialisierung* und *Patentierung* der auf der Grundlage ihrer Körpersubstanzen und Daten gewonnenen Ergebnisse informiert werden, so dass sich ihre freie und aufgeklärte Zustimmung oder Ablehnung auch hierauf beziehen kann.

All dies sollte jedoch nicht zu dem Missverständnis verleiten, dass das Prinzip der Einwilligung Spendern *alle* Formen der Verfügung über Körpersubstanzen und personenbezogene Daten erlaubt. Vielmehr kann das bioethische Prinzip der freien und aufgeklärten Zustimmung anderen Prinzipien untergeordnet werden. Es gibt kultur- oder länderspezifische Unterschiede in Bezug auf die *Art* der Körpersubstanzen oder Proben, welche zur Verfügung gestellt werden dürfen. Hier spielen die *symbolische Bedeutung* eines Gewebes oder Organs sowie der vielfach auch gesetzlich geschützte *moralische Status* bestimmter Entitäten in einer Kultur oder in einem Land eine Rolle. Und schließlich stellen sich bei der Gewinnung, Speicherung, Handhabung und Nutzung der Körpersubstanzen und Daten/Informationen von Kindern und Einwilligungsunfähigen auch in diesem Kontext wie in anderen Bereichen der Medizin besondere Probleme.

Es wäre zu fragen, ob sich angesichts dieser vielfältigen Fragen nicht die Notwendigkeit aufdrängt, im Rahmen der Biobanken für das Prinzip der freien und aufgeklärten Zustimmung, für den Datenschutz und den Schutz der Persönlichkeitsrechte *neue Rechtsformen* zu schaffen. Hierzu könnte – etwa in Analogie zur ärztlichen Schweigepflicht – ein gesetzlich verankertes Forschungsgeheimnis gehören, dem Forschende in diesem Bereich verpflichtet sind.

Zugang zu Biobanken und Nutzung von Proben und Daten

Damit Spender sichergehen können, dass ihre Proben und Daten nicht in falsche Hände gelangen, ist der Zugang zu Biobanken und die Nutzung der dort asservierten Proben und gespeicherten Daten strengen Regulierungen zu unterwerfen. Wie schon erwähnt, müssen sie sich darauf verlassen können, dass Proben und Daten ausschließlich für Forschungszwecke herausgegeben werden und nur für solche, denen sie zustimmen (können) und die sie für ethisch und rechtlich vertretbar halten. Hinsichtlich der Speicherungs*art* dieser Daten verdient ein Aspekt besondere Beachtung: Der *computergestützte* Umgang mit personenbezogen erhobenen Daten und Informationen und die Möglichkeit ihrer rapiden elektronischen Weitergabe durch das *Internet* kann nicht nur in den Dienst einer effektiven Forschung gestellt werden. Dieses Medium ist gerade auf Grund seiner Effektivität auch anfällig für besonders wirksamen Missbrauch, die illegale Nutzung durch Hacker, so dass hier besondere Sicherheitsvorschriften einzuführen sind.

Als mögliche Nutzer von Biobanken kommen private und öffentliche Forschungseinrichtungen in Frage, wobei sich die Spannbreite der Forschungsprojekte von den Qualifikationsarbeiten in den Naturwissenschaften zur Erlangung von Universitätsabschlüssen bis hin zu Projekten der Pharmaindustrie zur Herstellung von Medikamenten erstrecken kann. Dies wirft die Frage nach Zugangsgebühren und ihrer möglichen Staffelung in Abhängigkeit von der nachfragenden Person oder Institution auf. Auch stellt sich die Frage, ob die Spender der Proben einen Sonderstatus hinsichtlich der Zugangsrechte und -möglichkeiten auf ihre eigenen Proben und Daten haben.

Benefit Sharing

Mit der Ansammlung großer Datenmengen für Zwecke der biomedizinischen Forschung eröffnet sich ein neues Problemfeld, das Fragen der *So-*

lidarität, des *Altruismus* und der *sozialen Gerechtigkeit* betrifft. Körpersubstanzen, Daten, Informationen werden von Individuen, Gruppen, Populationen oder Nationen für die biomedizinische Forschung im Dienste des Gemeinwohls zur Verfügung gestellt, und die dadurch erzielten Erkenntnisse und entwickelten Therapien wie Medikamente sind mit einem kommerziellen Nutzen für Forschung und Industrie verbunden. In vielen Ländern gilt das Prinzip der Nichtkommerzialisierbarkeit des menschlichen Körpers, sei es als gesetzlich verankerte Norm oder als ungeschriebenes Gesetz. Klärungsbedürftig ist jedoch, worauf sich dieses Prinzip beziehen soll. Wenn es sich auf sämtliche Körpersubstanzen und die damit verknüpften Daten und Informationen erstreckt, so kann es geschehen, dass alle Beteiligten (Forschende, Industrie usw.) wirtschaftlich von dieser auf der Spende von Proben basierenden Forschung profitieren, außer den altruistischen Spendern selbst, seien es individuelle Spender oder Gruppen und Populationen. Dies hat auf internationaler Ebene dazu geführt, dass die Frage des „benefit sharing" auch im biomedizinischen Kontext aufgegriffen worden ist, nachdem sie sich zuvor bereits im Zusammenhang der mit der „Convention of Biological Diversity" (1992) angeschnittenen Probleme aufgedrängt hatte. Dahinter steht der Gedanke, dass zwar ein direktes finanzielles Entgelt der Spender ausgeschlossen sein sollte, d. h. dass auch keine Beteiligung der Spender am wirtschaftlichen Profit, der aus der industriellen Verwertung von Erkenntnissen auf der Basis ihrer Proben fließt, erfolgen sollte, dass jedoch gleichwohl zu fragen wäre, ob der aus der Forschung resultierende Nutzen im weiteren Sinne nicht auch denjenigen zugute kommen sollte, die ihre Proben zur Verfügung gestellt haben. Dies kann beispielsweise durch die Verbesserung der Infrastruktur oder des Gesundheitssystems eines Landes mit Mitteln, die aus der Forschung und ihrer Verwertung fließen, durch den erleichterten Zugang zu Arzneimitteln und zur Krankenversorgung und anderes geschehen (vgl. z.B. HUGO Ethics Committee; 2000). Insbesondere in solchen Fällen, in denen Spender Proben für Gesellschaften zur Verfügung stellen, zu denen sie nicht gehören und von deren Erkenntnissen sie nicht profitieren werden (Süd-Nord-Gefälle), wäre eine Möglichkeit des „benefit-sharing" in Erwägung zu ziehen.

Zur Organisation von Biobanken

Biobanken sind zuvor als Aktivitätskomplexe oder Handlungs- und Verantwortungsketten gekennzeichnet worden. Um sicherzustellen, dass in jedem einzelnen ihrer Bereiche und durchgängig die einschlägigen ethischen Prinzipien und gesetzlichen Regelungen eingehalten werden, bedarf es besonderer struktureller Vorkehrungen. Hier wäre an die Einrichtung einer von der Forschung organisatorisch getrennten Instanz zu denken, welche den Gesamtkomplex einer Biobank überschaut und kontrolliert. Dabei hätten sich Art und Grad des Regulationsbedarfs auch nach der Größe der betreffenden Biobank zu richten. Insbesondere für große Biobanken wäre die Einrichtung einer Treuhandschaft (Schroeder, Doris und Williams, Garrath; 2002), eines Kurators, in Erwägung zu ziehen. Der Kurator hätte eine ganze Reihe von Aufgaben zu erfüllen, von denen die wichtigsten hier genannt seien: Seine Funktion wird sich nicht auf den Erwerb und die Verwaltung der asservierten und gespeicherten Güter (Körpersubstanzen, Daten und Informationen) von Biobanken beschränken lassen. Darüber hinaus hat er zum einen dafür zu sorgen, dass in jedem einzelnen der vier Bereiche ethische Prinzipien und rechtliche Vorschriften befolgt werden bzw. zu kontrollieren, ob Gewinnung, Speicherung, Handhabung und Nutzung von Körpersubstanzen und personenbezogen erhobenen Daten im Einklang mit der Form der *freien und informierten Zustimmung* geschieht, für die sich der Spender entschieden hat. Der Kurator hat auch den *Zugang* zu Biobanken zu kontrollieren und sicherzustellen, dass Körpersubstanzen bzw. Informationen bei Nachfrage ausschließlich für Zwecke der *biomedizinischen Forschung* ausgehändigt werden und hier auch nur auf eine Weise, die mit der vom Spender gegebenen Zustimmung korrespondiert. Zum anderen kommt dem Kurator die Aufgabe zu, die Einhaltung von Hygiene- und Sicherheitsmaßnahmen aller Art zu überwachen. Und schließlich obliegt es ihm zu verhindern, dass im Falle einer Auflösung der Biobank Körpersubstanzen und Informationen in unrechtmäßige Hände fallen und missbräuchlich verwendet werden. Für die verantwortungsvolle Erfüllung einiger dieser Aufgaben halte ich eine Beratung des Kurators durch eine *Ethikkommission* für unabdingbar. So setzt z. B. die ethische und rechtliche Bewertung konkreter Forschungsprojekte, für die Proben und Daten verwendet werden sollen, die Kooperation mit einer Ethikkommission notwendigerweise voraus.

II. Recht

Geltung der Grundrechte vor der Geburt

Markus Schefer

Eine der großen Schwierigkeiten im Umgang mit Embryonen und Föten liegt in der Ambivalenz der Schutzobjekte: Hier verwischt sich die Grenze zwischen Mensch und Sache. Zudem birgt insbesondere der Umgang mit Zellen, Embryonen und Genen bisher nicht bekannte und kaum abschätzbare Risiken und Hoffnungen. Unser bisheriges Verständnis dessen, was menschliches Leben sei, wird radikal in Frage gestellt.

Die Rechtsetzung in diesen Bereichen findet unter enormem Zeitdruck statt. Gesellschaftliche Willensbildung kann aber nicht beliebig forciert werden. Mehrheitsentscheide, die aus verkürzten Verfahren hervorgehen, tragen in erhöhtem Maße die Gefahr in sich, adäquate Problemlösungen zu verfehlen und die Anliegen der Minderheit zu vernachlässigen.

Solche Gefahren wiegen deshalb speziell schwer, weil sich diese Gesetzgebung mit Fragen befasst, die untrennbar mit den weltanschaulichen, religiösen oder sonst höchst partikulären Hintergrundüberzeugungen jedes Einzelnen oder jeder Gruppe verknüpft sind. Angesichts der Heterogentität unserer Gesellschaft ist es besonders anspruchsvoll, rechtliche Regeln zu finden, die für alle verbindlich sind und weder gewisse Menschen noch spezifische Ideen und Überzeugungen ausgrenzen.

Orientierung an verlässlichen Richtpunkten ist daher besonders notwendig. Als vertieft reflektierte, über einen längeren Zeitraum entwickelte Orientierungshilfen bieten sich die Grundrechte an.

Die verfassungsrechtliche Ausgangslage

Anlass zu den ersten intensiven Auseinandersetzungen über den vorgeburtlichen Grundrechtsschutz gab der *Schwangerschaftsabbruch*. In den umliegenden *europäischen Ländern* und etwa in den USA fand dazu ein intensiver Verfassungsdiskurs statt. Bis heute ist dabei der grundrechtliche Schutz des Fötus kontrovers geblieben: Während das deutsche Bundesverfassungsgericht einen solchen Schutz befürwortet, lehnen ihn etwa der Österreichische Verfassungsgerichtshof und der französische Conseil constitutionnel ab. Die Straßburger Organe – insbesondere die frühere Kommission – lassen die Frage bewusst offen. Der U.S. Supreme Court setzt sich mit dem *grundrechtlichen* Schutz des Fötus gar nicht erst auseinander, sondern prüft Regelungen über den Schwangerschaftsabbruch ausschließlich als Fragen des Selbstbestimmungsrechts der schwangeren Frau. Zudem erscheinen die Erkenntnisse aus der Diskussion über den Schwangerschaftsabbruch für die *früheste* Phase embryonaler Entwicklung nur von begrenzter Tragweite.

In der *Schweiz* wurden – wohl wegen der fehlenden Verfassungsgerichtsbarkeit – die Fragen des Schwangerschaftsabbruchs dagegen primär als politische Frage diskutiert. Zentrale Argumente bildeten der Schutz der Menschenwürde und des Rechts auf Leben. Diese grundrechtliche Terminologie blieb aber weitestgehend auf der Ebene des politischen Gebrauchs und konnte sich nicht zu verfassungsrechtlichen Einsichten verdichten. Die Lehre hat sich bis heute überwiegend zurückhaltend geäußert; Stellungnahmen im Sinne eines grundrechtlichen Schutzes der Föten (insbesondere von Ivo Hangartner) konnten sich bisher nicht durchsetzen.

Auch in der verfassungsrechtlichen Auseinandersetzung mit der Biomedizin selber wurden die Fragen des vorgeburtlichen Grundrechtsschutzes noch wenig geklärt. Das Bundesgericht sprach sich in einem Fall aus dem Jahr 1993 im Sinne einer Erstreckung des Grundrechtsschutzes auf vorgeburtliches Leben aus. Die entsprechende Erwägung des Gerichts findet sich am Ende eines ansonsten außerordentlich sorgfältig begründeten Entscheids. Die Aussage, dass schon Embryonen über Menschenwürde im Sinne der Verfassung verfügen, wird demgegenüber in einem kurzen Nebensatz ohne weitere Begründung gemacht. Ihr kommt allein die Qualität eines *„obiter dictum"* zu. Es würde ihre Tragfähigkeit überschreiten, in ihr die Beantwortung der *grundsätzlichen* Frage nach der Grundrechtsgeltung von Embryonen zu erblicken. In diesem Sinne äußerte sich auch etwa das Bundesamt für Justiz in einem Gutachten aus dem Jahr 1995.

Die Stellungnahmen in der Lehre sind kontrovers. Insbesondere Rainer J. Schweizer spricht sich in zahlreichen Publikationen im Sinne einer Geltung der Grundrechte auch für Embryonen aus. Diese Lehre konnte sich bisher aber nicht in einem Maße durchsetzen, das es erlauben würde, heute von einem Grundrechtsschutz von Embryonen auszugehen. Dementsprechend sind heute in der Schweiz keine stabilen Erkenntnisse über den spezifisch *grundrechtlichen* Schutz von Föten und Embryonen verfügbar.

Explizite Aussagen zur Zulässigkeit biomedizinischer Vorkehrungen finden sich in *Art. 119 der Bundesverfassung*. Diese Bestimmung enthält zahlreiche, zum Teil präzise und umfassende Schranken für dem Umgang mit menschlichem Keim- und Erbgut. Einigen dieser Grenzen kann grundrechtlicher Charakter zugebilligt werden. Ob dadurch allerdings der Grundrechtsschutz auf Embryonen ausgedehnt wird, erscheint fraglich.

Eine vertiefte Auseinandersetzung mit den spezifisch *grundrechtlichen* Schranken biotechnischer Eingriffe im Frühstadium menschlicher Entwicklung ist daher auch im schweizerischen Verfassungsrecht unabdingbar. Im Folgenden wird gefragt, ob die Embryonen und Föten überhaupt Träger der Grundrechte sind. Danach wird skizziert, wie weit Embryonen auf der Grundlage der anerkannten Doktrin und Praxis unter dem Schutz der Grundrechte stehen.

Gibt es vorgeburtliche Grundrechtssubjekte?

Die tragenden verfassungsrechtlichen Begründungen für die Anerkennung von Grundrechtssubjekten vor der Geburt wurden stark von der philosophischen, theologischen und weiteren politischen Auseinandersetzung zum Schwangerschaftsabbruch geprägt. Vier Ansätze stehen im Vordergrund: Ein erster Ansatz spricht dem Embryo und seinen vorgeburtlichen Weiterentwicklungen Menschenwürde und damit grundrechtlichen Schutz zu, weil sie zur *gleichen Gattung* gehören wie geborene Menschen. Ein zweites, etwa vom Bundesgericht und vom Bundesverfassungsgericht aufgegriffenes Argument hält fest, dass Embryonen und Föten mit dem künftig daraus entstehenden Menschen genetisch *identisch* und deshalb Träger von Grundrechten seien. Eng verknüpft mit dieser Begründung ist jener Ansatz, der die Grundrechtsträgerschaft von Embryonen und Föten in ihrer Eigenschaft als *potenzielle Menschen* erblickt. Ein vierter, etwa vom Bundesverfassungsgericht verwendeter Strang, stellt darauf ab, dass die biologische Entwicklung vom Embryo zum geborenen Menschen grundsätzlich *kontinuierlich*, ohne Zäsur abläuft. Da jede Grenzziehung willkürlich wäre, müsse schon der Embryo Träger von Grundrechten sein.

Die vier Ansätze versuchen darzulegen, dass Embryonen und Föten vollwertige Grundrechtsträger sind, grundsätzlich wie geborene Menschen. Diese Anerkennung vorgeburtlicher Grundrechtsträgerschaft stellt einen Akt der *Anwendung* der Grundrechte dar. Es geht um ihre Interpretation, ihre Konkretisierung. Deshalb stellt sich die Frage, ob die Grenzen legitimer Verfassungsinterpretation durch die Anerkennung von Grundrechtssubjekten vor der Geburt überschritten werden.

Zur Beantwortung dieser Frage bietet John Rawls' Idee eines „übergreifenden Konsenses" einen fruchtbaren Anknüpfungspunkt. Ausgangspunkt bildet für Rawls die enorme weltanschauliche, religiöse und kulturelle Heterogenität heutiger westlicher Gesellschaften. Angesichts dieser Vielfalt ist die tragende politische Gerechtigkeitskonzeption an möglichst wenige materielle ethische Voraussetzungen zu binden. Der „übergreifende Konsens" soll so umschrieben werden, dass er aus der Sicht möglichst vieler unterschiedlicher Religionen, Weltanschauungen oder sonstiger moralischer Hintergrundüberzeugungen als tragfähig erscheint. Nicht eine spezifische Begründungslinie führt zu ihm. Er soll vielmehr aus den verschiedensten Rechtfertigungen heraus angenommen werden können.

Dieser Ansatz berührt den legitimen materiellen Gehalt des Rechts überhaupt. Damit geht er für den vorliegenden Zusammenhang zu weit: Hier sind nur die Grenzen der *Konkretisierung von Grundrechten* zu bestimmen. Für diese Fragestellung knüpft der in Chicago lehrende Verfassungsrechtler Cass Sunstein an die skizzierten Grundüberlegungen von Rawls an:

Wie bei der Formulierung einer Konzeption politischer Gerechtigkeit sind – als Folge der Heterogenität der Gesellschaft – auch bei der Auslegung von Verfassungsrecht moralische Konsense nur sehr beschränkt verfügbar. Analog zum „übergreifenden Konsens" bei Rawls schlägt Sunstein deshalb vor, die Grundrechte auf der Basis sogenannter *„incompletely theorized agreements"* zu interpretieren. Er versteht darunter jene verfassungsrechtlichen Übereinstimmungen, denen die verschiedenen Einzelnen und Gruppen aufgrund ihrer je partikulären religiösen, weltanschaulichen und sonstigen ethischen Hintergrundüberzeugungen zustimmen können. Grundlage der Verfassungsauslegung sind damit die pragmatischen Konsense in der Gesellschaft. Diese sind aufzuspüren und der Konkretisierung der Grundrechte zugrunde zu legen. Mit der Beschränkung auf „incompletely theorized agreements" erhöht sich die Chance, dass dem spezifischen Ergebnis einer Auslegung trotz tiefgreifender moralischer Dissense von den Mitgliedern unterschiedlichster Bevölkerungsgruppen – mit je unterschiedlicher Begründung – zugestimmt werden kann. Verfassungsinterpretation bleibt damit offen für die unterschiedlichsten Welterklärungen in der Gesellschaft.

Nicht zulässig wäre es hingegen, die Verfassung auf der Grundlage einer spezifischen materiellen Theorie des Richtigen oder des Guten auszulegen. Insbesondere auch dann nicht, wenn es sich dabei um die Meinung einer Mehrheit handelt. Eine solche Theorie wäre letztlich Ausdruck materieller ethischer Überzeugungen gewisser Individuen oder einzelner Gruppen. Solche partikulären Anschauungen dürfen nicht auf dem Weg der Interpretation für sämtliche Mitglieder der Rechtsgemeinschaft verbindlich erklärt werden. Erst recht nicht im Rahmen der Verfassung, die als oberste landesrechtliche Rechtsquelle über besonders starke normative Kraft verfügt.

Die Interpretation von Grundrechten muss damit an die bestehenden Verfassungskonsense anknüpfen und nicht an materielle ethische Apriori. Die grundlegendsten, weltanschaulich kontroversesten Fragen sollen nicht der Verfassungsauslegung zugrunde gelegt werden. Dadurch erhält die weitere demokratische Auseinandersetzung den notwendigen Raum, um sie zu thematisieren und vielleicht im Laufe der Zeit zu punktuellen Konsensen zu verdichten.

Vor diesem Hintergrund erscheint es jedenfalls heute nicht zulässig, die Grundrechtsträgerschaft durch Interpretation der Verfassung auf Embryonen und Föten zu erstrecken. Die vier erwähnten Begründungslinien dafür sind sowohl in der Wissenschaft als auch im weiteren gesellschaftlichen Diskurs zu kontrovers. Religiöse, weltanschauliche und andere höchst individuelle Überzeugungen entscheiden letztlich über ihre Tragfähigkeit. Die Chance, dass die unterschiedlichsten gesellschaftlichen Gruppen aus ihrer je eigenen Perspektive einer solchen Ausdehung des Schutzes zustimmen könnten, besteht heute nicht. Die Grundrechtsträgerschaft von Embryonen und Föten wäre deshalb letztlich nur jenen einsichtig, die über die entsprechende Religion, Weltanschauung oder ethische Grundüberzeugung verfügen. Allen anderen bliebe der so begründete Grundrechtsschutz unzugänglich und fremd. Statt eine solche dogmatische Schwarz-Weiß-Lösung zu postulieren, ist an jene pragmatischen Konsense anzuknüpfen, die in der Gesellschaft heute verfügbar sind.

Abgeleiteter Grundrechtsschutz

Damit bleiben die Grundrechte aber nicht ohne Bedeutung für den Umgang mit Embryonen und Föten. Dies würde einem weithin geteilten intuitiven Empfinden widersprechen, wonach Föten, aber auch Embryonen in ihrem frühesten Stadium, und sogar in vitro, nicht wie eine gewöhnliche Sache behandelt werden dürfen. Es ist ein Ansatz zu finden, der den Umgang mit ihnen grundrechtlich bindet, ihre Grundrechtsträgerschaft aber offen lässt. Dabei muss an einen pragmatischen Verfassungskonsens angeknüpft werden, an ein „incompletely theorized agreement".

Auszugehen ist von der Einsicht, dass historisch die konkreten Schutzgehalte der Grundrechte nicht Ableitungen aus abstrakten Prinzipien waren, sondern je spezifische Antworten auf konkrete Gefährdungslagen und Verletzungserfahrungen darstellten. Dabei ging es regelmäßig darum, Leiden von Menschen zu verhindern, das für ihre Mitmenschen konkret erfahrbar war und als unzumutbar empfunden wurde. Die Möglichkeit einer Interaktion mit dem Schutzobjekt, sei sie verbaler, körperlicher oder geistiger Art, ist Voraussetzung jener Empathie, aus der sich die Leidenserfahrung nähren könnte. Es ist letztlich die Wahrnehmung des Leidens eines Menschen, das in uns die Gewissheit der Unzulässigkeit jener Praktiken wachruft, welche dieses Leiden verursachen. Verdichtet sich dieser Erfahrungs- und Leidenszusammenhang zu einer weitgehend geteilten

Hintergrundüberzeugung der Rechtsgemeinschaft, lassen sich entsprechende Grundrechtsgehalte formulieren.

Dementsprechend ist heute fraglos anerkannt, dass Grundrechte dort volle Geltung entfalten, wo für Mitmenschen erfahrbares schweres Leid in Frage steht. Dies ist jedenfalls dort der Fall, wo geborene Menschen betroffen sind. An diese gesellschaftliche Übereinstimmung, d. h. an den Grundrechtsschutz geborener, lebender Menschen, ist auch für die Konkretisierung der Grundrechte auf Sachverhalte vor der Geburt anzuknüpfen. Der vorgeburtliche Grundrechtsschutz ist von jenem lebender Menschen *abzuleiten*.

Bei der Präimplantationsdiagnostik, der Stammzellenforschung und beim Klonen stehen Embryonen in den ersten 14 Tagen ihrer Entwicklung im Vordergrund. Jedenfalls bis zu *diesem Zeitpunkt* besteht fraglos keine Möglichkeit der Entwicklung von Empathie mit ihnen, erst recht nicht, wo es sich um Embryonen in vitro handelt. Die schwierige Frage, zu welchem Zeitpunkt der Grundrechtsschutz nach der hier skizzierten Konzeption beginnt, kann – und soll – daher offen gelassen werden.

Maßgebender Gesichtspunkt des abgeleiteten Grundrechtsschutzes sind die *Auswirkungen*, die der Umgang mit Embryonen für *lebende Menschen* hat. So ist beispielsweise sicherzustellen, dass Frauen nicht unter Druck gesetzt werden können, auf einen Embryotransfer zu verzichten und stattdessen den Embryo der Forschung zukommen zu lassen.

Darin erschöpft sich dieser Ansatz aber nicht. Vielmehr sind in ganz besonderem Maße auch die Grundrechte der *künftig geborenen Menschen* maßgeblich. Die grundrechtliche Beurteilung fragt nach den zu erwartenden Auswirkungen eines Eingriffs auf künftige, etwa durch Klonierung entstandene oder durch somatische Gentherapie geheilte oder „verbesserte" Menschen. Besonders weit öffnet sich die Perspektive bei der Keimbahntherapie, da hier die Veränderungen vererblich sind. *Zu fragen ist damit, in welchem Rahmen es zulässig erscheint, durch biomedizinische Eingriffe die Grundrechte künftiger geborener Menschen zu beeinträchtigen.* Damit sind die *Vorwirkungen* gewisser Grundrechte von später einmal geborenen Menschen auszumessen.

Obwohl der Beginn des Lebens verfassungsrechtlich weiterhin *nicht* entschieden wird, erlaubt die Anknüpfung an den Grundrechtsschutz künftig lebender Menschen, den Umgang mit Embryonen grundrechtlich zu erfassen: Im hier vertretenen Ansatz eines *abgeleiteten Grundrechtsschutzes* stehen die *Risiken biomedizinischer Eingriffe im Zentrum*. Es ist zu bestimmen, welchen Risiken etwa einer schweren körperlichen oder psychischen Beeinträchtigung ein *künftig lebender Mensch* ausgesetzt werden darf. Damit fokussiert dieser Ansatz auf die für die Gesellschaft letztlich zentralen Fragestellungen: Ins Blickfeld rücken die Fragen nach der Zulässigkeit fundamentaler Veränderungen in den Möglichkeiten menschlicher Identitätserfahrung.

Die Auseinandersetzung mit diesen Problemen erfordert neben der Erwägung der Risiken auch eine Abwägung mit den Chancen allfälliger künftiger Therapiemöglichkeiten. An solchen schwierigen Abwägungen führt kein Weg vorbei. Ihre Komplexität wird noch dadurch verschärft, dass die Risiken und Chancen auch von Fachleuten regelmäßig kaum abschätzbar sind. Gewisse Erfahrungen bei der grundrechtlichen Bewältigung von Risiken konnten bei der Atomenergie gemacht werden. Dabei wurde insbesondere deutlich, dass materielle Schranken allein keinen adäquaten Schutz sicherstellen können. Darüber hinaus sind verfahrensrechtliche und organisatorische Vorkehren zu treffen, die dazu beitragen, die Risiken so weit als möglich zu mindern.

Patentierung von Leben?

Joseph Straus

Als wirtschaftspolitische Instrumente zur Förderung des technischen, wirtschaftlichen und sozialen Fortschritts blicken Patente auf eine lange und erfolgreiche Geschichte zurück. Sie gewährleisten ihrem Inhaber eine zeitlich und geographisch begrenzte ausschließliche Nutzung der geschützten Erfindung und sorgen so, Markterfolg vorausgesetzt, für Anerkennung und Belohnung des Erfinders, spornen die Forschungs- und Entwicklungstätigkeit an und sichern die notwendigen Investitionen ab. Durch das Erfordernis der ausreichenden Offenbarung, gekoppelt mit der frühzeitigen Veröffentlichung aller Anmeldungen, sorgen Patente auch für die Verbreitung des technischen Wissens und die Transparenz des Forschungsgeschehens. Ohne Patente wäre die Geheimhaltung die einzige Alternative. Das gesetzlich verankerte Forschungsprivileg sorgt darüber hinaus dafür, dass Versuchshandlungen, die sich auf Weiterentwicklung und Verbesserung von patentierten Erfindungen beziehen, was nach der Rechtsprechung des Bundesgerichtshofes und des Bundesverfassungsgerichts auch klinische Versuche zur Auffindung weiterer medizinischer Indikationen von patentierten Wirkstoffen einschließt, und zwar selbst dann, wenn die Ergebnisse solcher Untersuchungen später für die Marktzulassung des Medikaments verwendet werden können, von den Wirkungen des Patentrechts unberührt bleiben. Patente behindern daher die Forschung nicht. Sie greifen erst bei der gewerblichen Verwertung ein.

Obwohl das Patentrecht keineswegs zur Verwertung der patentierten Erfindung berechtigt, wenn Letztere gegen gesetzliche Verwertungsverbote, z. B. des Embryonenschutzgesetzes oder des Tierschutzgesetzes, verstieße, ließ der Gesetzgeber nie Zweifel darüber aufkommen, dass auch das Patentrecht den systemimmanenten Schranken unterliegt, die durch die Verfassung, die öffentliche Ordnung oder die guten Sitten gezogen werden. Daher sind Erfindungen von der Patentierung ausgeschlossen, deren Veröffentlichung oder Verwertung gegen die öffentliche Ordnung, d. h. die tragenden Prinzipien unserer Rechtsordnung, oder die guten Sitten verstoßen würde. Da Verwertungsverbote aber von dem jeweiligen Erkenntnisstand der Wissenschaft und der gesellschaftlichen Akzeptanz der Technik abhängen und daher einem Wandel unterliegen können, Patente hingegen auf 20 Jahre Schutz gewährleisten sollen, machte der Gesetzgeber auch klar, dass einfache Verwertungsverbote zum Ausschluss von der Patentierung nicht ausreichen. Deren Aufhebung würde nicht nur den Erfindern leere Hände bescheren, sondern es bestünde auch die Gefahr, dass wegen des nicht vorhandenen Schutzes in die entsprechende Technologie nur in Ländern investiert würde, die einen Schutz zuließen. Diese in der Vergangenheit nie ernsthaft in Frage gestellte Entscheidung des Gesetzgebers ist auch unter ethischen Aspekten als in sich schlüssig und folgerichtig zu betrachten: Solange die Verwertung einer Erfindung verboten ist, kann sie ohnehin niemand verwerten, ohne sich u. U. sogar strafbar zu machen. Während dieser Zeit hat das Patent nur zur Folge, dass einer Verwertung durch Dritte nicht nur das allgemeine gesetzliche Verwertungsverbot entgegensteht, sondern auch das ausschließliche Verbietungsrecht des Patentinhabers. Entfällt später das Verwertungsverbot, entweder wegen Wandlung der ethischen Anschauungen oder wegen neuer wissenschaftlicher Erkenntnisse, so wäre es durch nichts zu rechtfertigen, die Verwertung einer solchen Erfindung jedermann frei, d. h. kostenlos und ohne Genehmigung des Erfinders, zu gestatten.

Entgegen anders lautenden Behauptungen kann auch für Patente im Bereich der belebten Natur und für Patente auf Naturstoffe auf eine lange Geschichte hingewiesen werden. Louis Pasteur erhielt z. B. 1873 in den USA Patente für bakterienfreie Hefen. In Deutschland hat man seit Anfang des 20. Jahrhunderts Patente auf Fermentationsverfahren, später auf Pflanzen und Pflanzensorten sowie auf Mikroorganismen und deren pharmazeutisch wirksame Produkte erteilt. Vor immerhin 31 Jahren beschied schließlich der Bundesgerichtshof in einem Fall, in dem es um ein Verfahren zur Züchtung von roten Tauben ging, dass grundsätzlich auch solche Verfahren und deren Ergebnisse, also Tiere, der Patentierung zugänglich sind. Der Begriff der Technik sei nicht statisch, sondern dynamisch auszulegen und hänge von dem jeweiligen Stand der Wissenschaft ab. Entwicklungen im Bereich der molekularen Biologie und Genetik machten zunehmend den gezielten und beherrschbaren Einsatz von Naturkräften auch im Bereich der belebten Natur möglich. Daher decke der Begriff des Technischen insofern auch den Bereich der Biologie ab. Gerichte haben auch schon vor mehr als 30 Jahren geklärt, dass auch in der Natur vorkommende Stoffe patentiert werden können. Zwar stellt ihre erstmalige Auffindung zunächst eine nicht patentfähige Entdeckung dar, wird jedoch vom Erfinder zugleich die technische Lehre zur Gewinnung solcher bislang nicht verfügbaren Stoffe offenbart und klärt er die Öffentlichkeit darüber hinaus auch auf, wozu man den Stoff verwenden kann, dann handelt es sich dabei um eine patentierbare technische Lehre. Seither sind zahllose Mikroorganismen und deren Produkte, wie verschiedene Antibiotika, cholesterinsenkende Substanzen, Hormone unterschiedlicher Art usw. patentiert worden. Tetracyclin, Lovastatin, Simvastatin, Cyclosporin, Cephalosporin, verschiedene Cortisone usw., mit denen jeder von uns, sei es als Patient, Arzt, Apotheker schon wiederholt in Berührung gekommen ist, sind Beispiele dafür.

Seit fast 20 Jahren erfahren Patentanmeldungen für DNA-Sequenzen, auch humanen Ur-sprungs, und deren Expressionsprodukte die gleiche Behandlung wie andere Naturstoffe auch, denn obwohl Gene die Grundbausteine und Funktionseinheiten des Erbgutes aller Lebensformen darstellen, sind sie doch geordnete Sequenzen von Nucleotiden. Die DNA, das Molekül, das die genetische Information kodiert (z. B. für die Expression von Erythropoietin zur körpereigenen Produktion von roten Blutkörperchen), ist also eine in der Natur vorkommende biochemische Substanz. Seither sind weltweit mehr als 2000 Patente auf DNA-Sequenzen humanen Ursprungs erteilt worden. Interferone, Blutgerinnungsfaktoren, Wachstumshormone, Gewebplasminogenaktivatoren, Alpha-1-Antitrypsin und wohl am bekanntesten und erfolgreichsten Erythropoietin mögen hier als Beispiele dienen. Patente haben hier die Grundlagen für einen völlig neuen Industriezweig gelegt – die Biotechnologieindustrie, die sich seit einiger Zeit auch in Deutschland gut entwickelt.

Trotz dieser Entwicklungen fanden Patente so gut wie nie den Weg in die Schlagzeilen der Tagespresse, des Rundfunks oder Fernsehens. Allenfalls die Patentierung der Harvard-Krebs-Maus vor 10 Jahren machte da eine Ausnahme. Erst das Ende des zehnjährigen zähen Ringens zwischen der EU-Kommission, dem Europäischen Parlament und dem EU-Rat im Zusammenhang mit der Verabschiedung der EU-Richtlinie über den rechtlichen Schutz biotechnologischer Erfindungen (98/44/EG), die im Juli 1998 mit großer Mehrheit vom Europäischen Parlament verabschiedet wurde, erweckte das Interesse verschiedener internationaler Nichtregierungsorganisationen (NGOs), u. a. von Greenpeace. Als „Verstärker" dienten dabei wohl auch Fortschritte in der Biomedizin, wie z. B. in der Stammzellentechnologie.

Mit der Biotechnologierichtlinie hat der europäische Gesetzgeber, der mehr als 60 Änderungsvorschläge des Europaparlaments berücksichtigt hat, einheitliche Standards für die Patentierung biotechnologischer Erfindungen festgeschrieben. Sie sollten Wissenschaft und Wirtschaft der Union in eine mit den USA und Japan vergleichbare Lage versetzen. Dabei wurden sowohl ethische Bedenken der Allgemeinheit gegenüber der Anwendung neuer Techniken als auch die Interessen der Wirtschaft und Wissenschaft nach Rechtssicherheit und einem wirksamen Schutz von Forschungs- und Entwicklungsanstrengungen und Investitionen berücksichtigt. So sind der menschliche Körper in allen Phasen seiner Entstehung und Entwicklung sowie die bloße Entdeckung einzelner seiner Teile, einschließlich DNA-Sequenzen, ebenso von der Patentierung ausgeschlossen wie beispielsweise Verfahren zum Klonen von menschlichen Lebewesen, die Verwertung von menschlichen Embryonen zu kommerziellen oder industriellen Zwecken oder etwa Verfahren zur Veränderung der genetischen Identität der menschlichen Keimbahn. Damit stehen die Patentierungsverbote der EU-Richtlinie weitgehend im Einklang mit den Handlungsverboten des Embryonenschutzgesetzes, an dessen Grundsätzen und Verboten die Richtlinie weder irgendetwas ändern wollte, noch hätte irgendetwas ändern können. Des Weiteren sind von der Patentierung Verfahren zur Veränderung der Keimbahn von Tieren, wenn damit das Leiden der Tiere ohne wesentlichen medizinischen Nutzen für Mensch und Tier verbunden wäre, ausgeschlossen. Andererseits stellt die Richtlinie aber auch sicher, dass technische Lehren und deren Ergebnisse auch im Bereich des biologischen Materials grundsätzlich dem Patentschutz zugänglich bleiben. Das gilt auch für vollständige und teilweise Gensequenzen, allerdings unter der neu eingeführten weiteren Voraussetzung, dass deren Funktion und gewerbliche Anwendbarkeit bereits in der Anmeldung angegeben worden sind. Mit Ausnahme von Pflanzensorten und Tierrassen sowie rein biologischen Verfahren zur Züchtung von Pflanzen und Tieren sind danach auch allgemein verwertbare Lehren zur Veränderung der Eigenschaften von Pflanzen und Tieren und die so hergestellten Pflanzen und Tiere dem Patentschutz zugänglich.

Der europäische Gesetzgeber sorgt allerdings ausdrücklich dafür, dass der Mensch selbst niemals von der Wirkung eines Patents berührt werden kann und dass Landwirte auch im Patentrecht die gleiche Behandlung erfahren wie im Sortenschutzrecht: Auch hier gibt es das Landwirteprivileg, und zwar sowohl im Bereich der Pflanzen als auch in dem der Tiere. Die Richtlinie schreibt auch vor, dass bei Verwendung von biologischem Material menschlichen Ursprungs sichergestellt werden muss, dass die Spender nach Vorschriften des nationalen Rechts vorab umfassend aufgeklärt worden sind und dem Vorhaben zugestimmt haben. Darüber hinaus enthält die Richtlinie auch einige Ansätze zur Lösung des komplexen Problems der Abhängigkeiten bei Patenten auf DNA-Sequenzen.

Die Frist für die Umsetzung der Richtlinie lief am 31. Juli 2000 ab. Klagen der Niederlande und Italiens gegen die Richtlinie hat der Europäische Gerichtshof am 9. Oktober 2001 vollinhaltlich abgewiesen und die Rechtmäßigkeit der Richtlinie vorbehaltlos bestätigt. Nach der Rechtsprechung des EuGH ist die Richtlinie in den EU-Mitgliedstaaten somit direkt anwendbar. Die Kommission hat bereits mehrmals die säumigen Mitglieds-

länder angehalten, die Richtlinie in die nationale Gesetzgebung umzusetzen, und droht mit Sanktionen. In die Ausführungsordnung zum Europäischen Patentübereinkommen sind die Grundsätze der Richtlinie bereits zum 1. September 1999 eingeführt worden.

Die deutsche Bundesregierung beschloss bereits am 18. Oktober 2000,
die Richtlinie in das nationale Recht umzusetzen, allerdings mit einigen
Ergänzungen und klarstellenden Ausführungen in der Begründung. Zugleich stellte die Bundesregierung fest, dass die Richtlinie angesichts der
bahnbrechenden Fortschritte in der Entschlüsselung der Erbanlagen des
Menschen und anderer Lebewesen und der neuesten Entwicklungen in
der biomedizinischen Forschung nicht in allen Punkten endgültige Antworten auf die Herausforderung dieses neuen Technologiebereichs gefunden habe. Deshalb wollte sie, auf europäischer Ebene, einen Ände-
rungsprozess initiieren, um die erforderlichen Verbesserungen und Präzi-
sierungen des europäischen Patentrechts herbeizuführen. Die Beratungen
dauern aber immer noch an.

In beiden Vorhaben ist der Bundesregierung Erfolg zu wünschen. Die
Richtlinie und deren Umsetzung bringen viele Klarstellungen mit sich, die
die Praxis benötigt und die durchaus auch zur restriktiveren Handhabung
der Patentierung in diesem Bereich beitragen werden. Sie beenden auch eine
fast schon lähmende Rechtsunsicherheit, welche die Wiederholung der bereits im Europaparlament ausgetragenen und ausgefochtenen Diskussion
jetzt auf nationaler Ebene plötzlich wieder mit sich gebracht hat. Schlagzeilen der Presse wie „Der achte Tag der Schöpfung" oder „Die Geburtshelfer
der neuen Mischwesen" und dergleichen, die an Unsachlichkeit und Des-
information kaum zu überbieten waren, hinterließen nicht nur Spuren in
der Öffentlichkeit, sondern verunsicherten wohl auch die Politik.

Da die Richtlinie sicher nicht auf alle Fragen der komplexen Materie eine
endgültige Antwort gibt, ist auch der nachfolgenden Europainitiative Erfolg zu wünschen. Eine Expertengruppe der Kommission nahm bereits Ende
2002 die Arbeit auf. Die Hoffnung freilich, da endgültige Antworten auf
noch offene Fragen zu finden, wird kaum in Erfüllung gehen können. Wäre
dem so, müsste die Entwicklung der Wissenschaft und Technik inzwischen
zum Stillstand kommen. Die Politik kann zwar nicht die Antwort auf alle
entscheidenden Fragen der Rechtsprechung überlassen, aber die Erfahrung
zeigt, dass der Gesetzgeber unmöglich alles im Voraus regeln kann. Der US-
Gesetzgeber hat nicht von ungefähr bisher jeder Versuchung widerstanden,
auf diesem Gebiet spezifisch tätig zu werden. Die zweifelsfrei dominieren-
de Stellung der Vereinigten Staaten in diesem Bereich gibt zumindest zu
der Annahme Anlass, dass er so falsch nicht liegen kann.

Zum Schluss noch eine Bemerkung zum Fragezeichen hinter dem (vorgegebenen) Titel dieses Beitrages: Nach meinem Verständnis gibt es, trotz

dem inzwischen geflügelten Wort von den „Patenten auf Leben", keine solchen Patente, auch wenn es sich um so genannte Pflanzen- oder Tierpatente handelt. Nicht die Schöpfung ist deren Gegenstand, sondern die technische Lehre, nach der man eine bestimmte Eigenschaft des Organismus verbessern oder ihm eine neue Eigenschaft verleihen kann. Ich habe große Schwierigkeiten, in solchen Patenten besondere ethische Probleme zu erkennen, zugleich aber Verständnis für das bei uns allgemein akzeptierte Eigentumsrecht an Tieren aufzubringen: Während der Inhaber eines solchen Patents Dritten, einschließlich dem Tierhalter, lediglich bestimmte Handlungen verbieten kann, aber über ein solches Tier keine unmittelbare Verfügungsgewalt hat, berechtigt das Eigentumsrecht den Tierhalter, z. B. männliche Tiere zu kastrieren, weibliche zu sterilisieren, und er darf sie töten und verbrauchen – auch wenn ihr Genom durch ein patentiertes Verfahren verändert worden ist. Er muss nur die Grenzen des Tierschutzgesetzes dabei beachten. Hier handelt es sich entweder um ein völliges Missverständnis des Patentrechts oder um doppelte Moral. Ein ebenso großes Problem habe ich auch mit einer nicht selten anzutreffenden Argumentation gegen die Patentierung im Bereich der modernen Biotechnologie, die einerseits Patente wegen ihrer Förderung einer Technologie bekämpft, gleichzeitig aber geltend macht, man müsste hier Patente ablehnen, weil sie die Forschung behindern und den Zugang zu Forschungsergebnissen erschweren oder gar verunmöglichen. Wenn Patentämter und Gerichte bei der Bemessung des Schutzumfangs von Patenten sorgfältig darauf achten, dass dem Patentinhaber nicht mehr zugesprochen wird, als er oder sie zur Hebung des Standes der Technik beigetragen haben und die nunmehr vom europäischen Patentgesetzgeber abgesteckten Grenzen sowohl dessen, was nicht patentiert werden darf, als auch dessen, was patentiert werden soll, Beachtung finden, dann dürfen wir von diesem rechtspolitischen Instrument mit überwiegend wertneutralem Charakter positive Impulse für die Weiterentwicklung der Wissenschaft und Technik sowie Wirtschaft erwarten. Allerdings ist das Patentrecht kein Allheilmittel. Die Entscheidung, was in einer Gesellschaft gestattet und was verboten ist, ist nicht eine, die der Patentgesetzgeber zu treffen hat, und erst recht nicht eine, die den Patentämtern überbürdet werden könnte.

Recht und Moral

Günter Stratenwerth

Über das Verhältnis von Recht und Moral wird seit Jahrhunderten diskutiert. Noch heute gibt es kaum ein Lehrbuch der Rechtsphilosophie, das diesem Thema nicht ein eigenes Kapitel widmet. Dafür gibt es verschiedene Gründe.

Bei beidem, sowohl beim Recht wie bei der Moral (vielfach mit Ethik oder Sittlichkeit gleichgesetzt), geht es um Komplexe menschlicher Verhaltensnormen. Schon um die Natur des Rechts zu bestimmen, ist es nötig, genauer zu sagen, was sie trennt oder auch verbindet. Dabei sind viele Kriterien vorgeschlagen worden. Am Anfang steht, noch bis zur Reformation, die Unterscheidung von äußeren Handlungen als dem Gegenstand des Rechts und der inneren Einstellung als dem Gegenstand der Moral. Von hier aus war es nur ein Schritt bis zu der im 18. Jahrhundert entwickelten Gegenüberstellung von Legalität und Moralität: der Legalität als äußerer Übereinstimmung des Verhaltens mit dem Gesetz, der Moralität als der Frage nach den Motiven des Rechtsgehorsams. Damit verband sich der bis zur Gegenwart vorherrschende Gesichtspunkt, dass (nur) das Recht mit Zwang durchgesetzt werden könne, die Sittlichkeit nicht.

Wichtiger als solche formalen Abgrenzungen sind allerdings die inhaltlichen Unterschiede, auf die sie zurückgehen oder verweisen. Der Gegensatz von Regelungen, die sich auf das äußere Verhalten und solchen, die sich auf die innere Einstellung beziehen, kann verknüpft werden mit der Beschränkung des Rechts auf zwischenmenschliche Beziehungen. Das heißt, dass Gegenstand des Rechts nur Verhaltensweisen sein sollten, die andere betreffen, nicht solche, die nur den Handelnden selbst angehen. Verdeutlichen lässt sich das etwa an der – im angelsächsischen Rechtskreis erst mit dem Suicide Act von 1961 endgültig statuierten – Straflosigkeit der (versuchten) Selbsttötung oder einer Selbstverstümmelung (durch die sich jemand nicht dem Militärdienst entzieht). Umstritten sind gerade unter diesem Gesichtspunkt aber auch die Strafbarkeit des Drogenkonsums oder das Gurtenobligatorium, die deshalb vorwiegend mit öffentlichen Interessen begründet werden. Verfolgt man diese Abgrenzung weiter, so können freilich noch ganz andere Problemfelder in den Blick kommen. Dazu gehören in der Gegenwart beispielsweise Normen zum Schutz der natürlichen Umwelt, die sich nicht unmittelbar oder wenigstens indirekt auf handfeste menschliche Bedürfnisse zurückführen lassen.

Wenn sich das Recht auf die Regelung zwischenmenschlicher Beziehungen zu beschränken hat, so liegt darin außerdem die Gewähr, dass „jeder „nach seiner Fasson selig" werden kann, also die heute verfassungsrechtlich geschützte Glaubens- und Gewissensfreiheit.

Mit der Gegenüberstellung von Legalität und Moralität hat sich seit Kant zugleich die Vorstellung verbunden, dass die (legitime) Aufgabe des Rechts nur darin bestehe, jedermann im Verhältnis zum anderen das gleiche Maß an Freiheit zu sichern. Das liefe auf eine Rechtsordnung hinaus, die im Grunde nur das Verbot kennt, andere zu verletzen, während es immer nur sittlich geboten sein könnte, anderen Gutes zu tun. Für das heutige Recht gilt das offenkundig nicht. Unsere soziale Ordnung beruht jedoch weitgehend auf dem Grundsatz, dass der Einzelne in seinem Herrschafts- und Verantwortungsbereich selbst und ausschließlich zu entscheiden hat. Das Verbot, in diesen Bereich schädigend einzugreifen, steht deshalb weitaus im Vordergrund, während sich die Pflicht, für fremde Güter oder Interessen zu sorgen, auf Ausnahmesituationen beschränkt. So findet sich das Gebot, einem anderen, der sich in unmittelbarer Lebensgefahr befindet, zumutbare Hilfe zu leisten, erst seit einigen Jahren im schweizerischen Strafgesetzbuch, und fremde Güter zu retten, ist generell nur demjenigen geboten, der dafür in besonderer Weise Verantwortung trägt. Solidarität mit Menschen, die Hilfe brauchen, ist heute zwar Gegenstand der Sozialgesetzgebung, im Verhältnis Einzelner zueinander aber, außerhalb engster Lebensbeziehungen, weiterhin allein eine Frage der persönlichen Ethik. Man kann das auch dahin formulieren, dass das Recht nur ein „sittliches Minimum" repräsentiere und alles, was darüber hinausgehe, dem Einzelnen überlassen bleibe.

Damit ist bereits gesagt, dass sich Recht und Moral in ihrem Geltungsbereich teilweise überschneiden. Das Recht kann nur einen Grundbestand an sozialethischen Normen zu sichern versuchen, wenn es sich auf seine eigentliche Aufgabe beschränken will. Insoweit aber ist es unentbehrlich. Die Geltungskraft von Normen verfällt, wenn derjenige, die sie verletzt, nicht mit Sanktionen rechnen muss. Zeigt sich die Staatsgewalt außerstande, das in genügendem Maße zu tun, so droht überdies Selbstjustiz, ein Rückfall in das Faustrecht. Weit reichende Meinungsverschiedenheiten können nur darüber bestehen, welche Normen zu diesem Grundbestand gehören. Ein prominentes Beispiel bilden die jahrzehntelangen Auseinandersetzungen über den Schwangerschaftsabbruch: Die jetzt geltende Regelung hat die Demarkationslinie zwischen Recht und Sittlichkeit in dem Sinne verschoben, dass der Eingriff nicht mehr strafbar ist, es aber jeder und jedem freisteht, in dieser Frage ihrem bzw. seinem Gewissen zu folgen. Ähnlich liegt es bei der in den 90er Jahren des vergangenen Jahrhunderts erfolgten Revision des Sexualstrafrechts. Und jetzt wird darüber gestritten, inwieweit Fragen der Biomedizin rechtlich geregelt werden sollten und in welcher Weise. Daran wird zugleich deutlich, dass die Frage, welche ethischen Normen rechtlich durchgesetzt werden sollen, fortwährendem Wandel unterliegt. Rechtlich normiert sind auf der anderen Seite, wie sich von selbst versteht, weite Lebensbereiche, die nicht oder nur im Grenzfall sittlich unmittelbar relevant sind, wie etwa Geschäftsbeziehungen oder der Straßenverkehr.

Schwieriger wird es, wenn Recht und Moral miteinander in Konflikt geraten. Das kann zunächst in der Weise geschehen, dass das Recht eine Verhaltensweise erlaubt oder gebietet, die sittlichen Wertvorstellungen widerspricht. Den krassesten Fall bilden dabei Gesetzesbefehle, die, wie es der deutsche Bundesgerichtshof bei der Aburteilung der unter dem NS-Regime begangenen Gewaltverbrechen und dann wieder in der Auseinandersetzung mit den Todesschüssen an der innerdeutschen Mauer formuliert hat, die allen Kulturvölkern gemeinsamen Rechtsüberzeugungen so deutlich missachten, dass sie kein Recht schaffen, das ihnen entsprechende Verhalten vielmehr Unrecht bleibt. Hier hat dann ein eigentliches Widerstandsrecht seine Stelle, dessen Voraussetzungen und dessen Tragweite im Einzelnen freilich außerordentlich zweifelhaft sind. Konflikte zwischen Recht und Sittlichkeit können sodann auch in der Weise auftreten, dass ganze Bevölkerungsgruppen Wertüberzeugungen vertreten, die mit dem geltenden Recht nicht in Einklang zu bringen sind. Hier kann sich die Frage der Zulässigkeit zivilen Ungehorsams stellen. Ein Beispiel bildet etwa die Blockade der als eine verfassungswidrige Gefährdung von Leben und Gesundheit ganzer Regionen eingeschätzten Transporte von Atommüll. Auch über diese Problematik gehen die Meinungen weit auseinander. Die Frage wird heute allerdings weit überwiegend dahin beantwortet, dass ziviler Ungehorsam nicht nur rechtswidrig bleibe, sondern seine Rechtswidrigkeit gerade gewollt sein müsse, als die Voraussetzung dafür, die Öffentlichkeit zu mobilisieren. Nur ist auch damit noch nicht entschieden, wie man im Einzelfalle, mit wie viel Härte oder Nachsicht, mit ihm umzugehen habe. Und dabei spielt zweifellos eine erhebliche Rolle, inwieweit sich die Überzeugungen, die auf solche Weise geltend gemacht werden, mit allgemein geteilten Wertvorstellungen decken oder aber ihnen widersprechen.

Ein Konflikt von Recht und Moral tritt schließlich auch dort auf, wo sich der Einzelne in seinem Gewissen verpflichtet fühlt, geltendem Recht aktiv oder passiv zuwiderzuhandeln. Diese Konstellation kann sich mit der zuvor genannten überschneiden, wenn solcher Widerstand nicht nur individuelle Belange verfolgt, sondern sich gegen eine bestimmte Regelung allgemein oder gar gegen die bestehende Gesellschaftsordnung als ganze richtet. Man spricht vom Überzeugungs- oder eben vom Gewissenstäter. Ihm wurde lange Zeit, bei Anerkennung ehrenhafter Motive, eine ihn nicht entehrende Sanktion in Gestalt von so genannter Festungshaft auferlegt. Heute bilden, nach schweizerischem Recht, achtenswerte Beweggründe immerhin einen Strafmilderungsgrund. Die Bewertungsschwierigkeiten sind aber nicht gelöst. Zum einen muss, ähnlich wie beim zivilen Ungehorsam, wiederum entschieden werden, welche Beweggründe überhaupt als sittlich hoch stehend und damit als achtenswert Anerkennung finden sollen, und darüber können die Meinungen weit auseinander gehen. Man denke nur an Gewaltverbrechen, die im Namen einer revolutionären Umgestaltung der Gesellschaft begangen werden, oder auch nur an die Kontroverse darüber, ob und inwieweit politische Motive bei der Militärdienstverweigerung als Gewissensgründe respektiert werden sollten. Zum anderen kann man sich, noch weitaus grundsätzlicher, fragen, ob es im Rahmen einer Verfassung, die die Gewissensfreiheit garantiert, überhaupt als zulässig erscheint, jemanden zu einem Verhalten zu zwingen, das sein Gewissen verletzt. Verneint man das beim Gewissenstäter, so wäre offenbar geboten, bei ihm auf jeden Schuldvorwurf und damit auf jede Sanktion zu verzichten. Das wiederum hieße, Normbrüche freizugeben, die nach den Wertüberzeugungen anderer nicht geduldet werden sollten – eine Konsequenz, die keine Rechtsordnung hinnehmen kann. Das alte Problem der Rechtfertigung von Mehrheitsentscheiden gegenüber einer abweichenden Minderheit stellt sich damit, und sogar verschärft, auch in diesem Zusammenhang.

Das alles bedeutet, dass es zwischen Recht und Moral von ihrer Materie her keine festen Bindungen und keine festen Grenzen gibt. Ihr Verhältnis zueinander muss vielmehr in einem freiheitlichen Staatswesen, in dem Menschen verschiedenen religiösen Bekenntnisses und unterschiedlicher ethischer Einstellungen zusammenleben, in Einzelfragen stets von neuem „justiert" werden, wenn dies in wechselseitiger Achtung geschehen soll.

III. Moral

Zur Idee der Menschenwürde

Kurt Bayertz

Der Begriff „Menschenwürde" beschreibt die unbedingte Achtung, die jedem Menschen unabhängig von seinen besonderen Fähigkeiten oder Eigenschaften zukommt. Dieser Anspruch auf Achtung ist (1) nicht erworben und daher nicht verlierbar, (2) absolut in dem Sinne, dass er nicht mit anderen Werten verrechenbar und jeder Güterabwägung entzogen sein soll. Der Begriff Menschenwürde soll eine absolute Grenze menschlichen Handelns markieren.

Die Geschichte des Begriffs reicht zurück bis in die Antike; er spielte in der christlichen Lehre vom Menschen eine ebenso große Rolle wie in der säkularen Philosophie der Neuzeit, wobei die Philosophie Immanuel Kants besonders hervorzuheben ist. – Zunächst also eine anthropologisch-ethische Kategorie, wurde der Menschenwürdebegriff im Zuge der Aufklärung auf das Gebiet von Recht, Politik und Gesellschaft übertragen: Diktatur und Gewalt sollten als mit der Menschenwürde unvereinbar gelten. Im 20. Jahrhundert fand der Begriff Eingang in die Verfassungen zahlreicher Staaten sowie in wichtige Dokumente der internationalen Gemeinschaft (darunter in die „Charta der vereinten Nationen"). Dies war nicht zuletzt eine Reaktion auf die Erfahrungen, die mit der menschenverachtenden Politik des deutschen Faschismus, insbesondere mit der industriellen Vernichtung von Millionen unschuldiger Menschen gemacht worden waren.

Damit nimmt der Menschenwürdebegriff eine eigentümliche Zwitterstellung ein: Einerseits ein philosophischer Begriff wie andere auch, hat er andererseits eine davon nicht immer leicht unterscheidbare (verfassungs)rechtliche Bedeutung. Ihm wird daher oft eine Autorität zugeschrieben, die ihm eine privilegierte Stellung gegenüber anderen ethischen Begriffen sichern soll. Da jeder Verstoß gegen die Rechtsnorm Menschenwürde vom Staat unterbunden werden muss, impliziert die Diagnose eines solchen Verstoßes zugleich die Aufforderung zum Verbot. Diese philosophisch-rechtliche Zwitterstellung prädestiniert den Menschenwürdebegriff zum strategischen Gebrauch. Die Funktion des Begriffs ist die einer höchsten Trumpfkarte: Wer sie ausspielt, will die weitere ethische Debatte abbrechen.

Es kann nicht überraschen, dass er auch in den bioethischen und biopolitischen Debatten der Gegenwart eine Schlüsselstellung einnimmt. Immer dann, wenn es darum geht, eine bestimmte Technik grundsätzlich zu verwerfen, wird der Begriff der Menschenwürde herangezogen, wobei oft unklar bleibt, ob der Begriff (verfassungs)rechtlich oder ethisch gemeint ist. Soll ein bloß suggestiver Gebrauch vermieden werden, so ist argumentativ klarzustellen, (1) warum der Mensch Würde hat und worin sie besteht; (2) welche Wesen als Menschen im Sinne des Menschenwürdebegriffs anzusehen sind; und (3) warum im gegebenen Anwendungsfall ein Verstoß gegen die Menschenwürde vorliegt.

Im Hinblick auf den ersten dieser drei Punkte lassen sich drei Begründungsverfahren unterscheiden. Das erste ist religiöser Natur; es beruft sich auf die Gottesebenbildlichkeit des Menschen als Grund für seine Würde. Dieses Verfahren ist zwar legitim, soweit es zur Begründung einer partikularen (christlichen) Individual- oder Gruppenmoral dient; aufgrund seiner religiösen Voraussetzungen ist es in einer säkularen und pluralistischen Gesellschaft aber ungeeignet zur Begründung *allgemein* verbindlicher Normen und Werte.

Das zweite Begründungsverfahren geht empirisch-historisch vor. Der Inhalt des Menschenwürdebegriffs wird hier *ex negativo* aus allgemein anerkannten Verletzungstatbeständen abgeleitet. Es besteht z. B. ein Konsens darüber, dass die Erniedrigung von Menschen durch Folter, Versklavung oder rassische Diskriminierung eine Verletzung der Menschenwürde darstellt. Erfolgreich ist dieses Verfahren dort, wo bereits ein Konsens darüber besteht, dass bestimmte Handlungen die Menschenwürde verletzen; genau deshalb ist es aber nicht geeignet, einen solchen Konsens *herzustellen*. Angesichts der Neuheit der biotechnischen Handlungsoptionen und der divergierenden Ansichten darüber, welche von ihnen moralisch legitim sind, wird man diese empirisch-historische Vorgehensweise für das Feld der Bioethik und Biopolitik als wenig hilfreich ansehen müssen.

Das dritte Begründungsverfahren ist philosophisch-säkular; es führt die Menschenwürde auf spezifische Eigenschaften zurück, die der Mensch besitzt und die ihn vor allen anderen Lebewesen auszeichnet. In der Philosophiegeschichte sind vor allem drei Eigenschaften genannt worden: (a) Die Nicht-Festgelegtheit des Menschen, d. h. seine Freiheit in der Wahl der Lebensweise, (b) seine Vernunftnatur, und (c) seine moralische Autonomie. So heißt es etwa bei Kant: „Autonomie ist der Grund der Würde". Der Mensch darf nach Kant daher niemals „bloß als Mittel", sondern muss „jederzeit zugleich als Zweck" behandelt werden. Dieser Formulierung ist auch vom deutschen Bundesverfassungsgericht eine zentrale Bedeutung für die Interpretation des Menschenwürdebegriffs zugewiesen worden. In der bioethischen und biopolitischen Debatte stoßen wir relativ häufig auf das Argument, diese oder jene biotechnologische Option impliziere eine Instrumentalisierung von Menschen, oder auf den Vorwurf, menschliche Wesen würden durch sie zum bloßen Objekt herabgewürdigt.

Dabei werden aber zwei systematische Schwierigkeiten oft übersehen. Die erste ergibt sich daraus, dass es im Zusammenleben von Menschen grundsätzlich nicht vermieden werden kann, andere zum Mittel zu machen. Kant war sich dessen vollauf bewusst, wie seine Formulierung zeigt, man dürfe Menschen niemals *bloß als Mittel* behandeln, sondern immer *zugleich als Zweck*. Damit verwandelt sich damit die scheinbar eindeutige Entweder-oder-Frage in ein schwieriges Schwellenwert-Problem. Es geht nun darum, ob im konkreten Fall eine bestimmte Handlung über das legitime Maß an Instrumentalisierung hinausgeht; dafür gibt es offenkundig keine scharfe und vorherbestimmte Grenze. Wir haben es mit einem Abwägungsproblem zu tun, bei dem wir in der Regel nicht zu einer in jeder Hinsicht eindeutigen und für alle gleichermaßen befriedigenden Lösung kommen können. Wir müssen damit rechnen, dass in jeden Versuch einer solchen Grenzziehung partikulare und/oder historisch kontingente Wertorientierungen eingehen. Und genau das ist es, was wir finden, wenn wir die Geschichte der Verwendung des Menschenwürdebegriffs näher betrachten. Nirgends zeigt sich dies klarer als im Falle Kants selbst. Überall dort nämlich, wo Kant sich nahe genug an Fragen der Anwendung seines Moralprinzips, auf konkrete Fälle oder Fallgruppen heranwagt, unterlaufen ihm substanziell gehaltvolle Urteile, die aus heutiger Sicht bisweilen die Grenze der Kuriosität streifen. So rechnet er in der *Metaphysik der Sitten* die Organtransplantation unter jene Handlungen, in denen der Mensch über sich selbst „als bloßes Mittel zu ihm beliebigem Zweck" disponiert und „die Menschheit in seiner Person" abwürdigt.[1] Organtransplantation wäre demnach ein Verstoß gegen die Menschenwürde und müsste somit unter Strafe gestellt werden.

Das zweite systematische Problem ergibt sich dann, wenn wir fragen, wer (d. h. welche Wesen) unter den Schutz der Menschenwürde fällt. Es liegt nahe, vom Begriff Menschenwürde auszugehen und zu sagen: Alle Angehörigen der biologischen Art homo sapiens haben Menschenwürde und stehen somit unter der Menschenwürdegarantie. Diese Bestimmung führt allerdings zu einem Dilemma. (a) Geht man nämlich davon aus, dass die Artzugehörigkeit *per se* hinreichend ist, so führt man die Menschenwürde auf ein bloß biologisches Merkmal zurück; dies ist ethisch problematisch. (b) Geht man davon aus, dass es die oben genannten besonde-

---

1 „Sich eines integrirenden Theils als Organs berauben (verstümmeln), z. B. einen Zahn zu verschenken oder zu verkaufen, um ihn in die Kinnlade eines andern zu pflanzen..." (Kant 1968 [1797]: 423).

ren menschlichen Eigenschaften sind, die der Würde zugrunde liegen, so muss verschiedenen Angehörigen der biologischen Art Mensch die Menschenwürde abgesprochen werden. Zumindest an den „Rändern" des Menschseins ist nicht ohne weiteres klar, ob und wann eine Eizelle *schon* oder ein Sterbender *noch* Mensch (in einem moralisch relevanten Sinne) ist. Wenn Autonomie der Grund der Würde ist, dann haben befruchtete Eizellen, Embryonen, Föten und selbst Säuglinge offensichtlich keine Menschenwürde, denn sie sind nicht autonom (und auch nicht frei und vernünftig). Es bedarf daher zusätzlicher Überlegungen und Argumente, wenn man sie unter den Schutz der Menschenwürde stellen möchte. Diese zusätzlichen Überlegungen und Argumente aber sind, wie wir vor allem aus der Abtreibungsdebatte wissen, heftig umstritten; und es ist nicht abzusehen, dass sie jemals konsensuell beigelegt werden können.

Wir kommen damit zu dem Resultat, dass der Menschenwürdebegriff keinen Passepartoutschlüssel zur Lösung der aktuellen bioethischen und biopolitischen Probleme bereitzustellen vermag. (a) Er ist inhaltlich keineswegs eindeutig bestimmt und kann uns daher das Vergleichen und Abwägen nicht ersparen; (b) es ist nicht von vorn herein klar, welche Wesen unter diesen Begriff fallen. – Dem Menschenwürdebegriff wohnt keine besondere konsensstiftende Kraft inne; es ist nicht leichter, über einen Verstoß gegen die Menschenwürde einen Konsens zu erzielen als über einen Verstoß beispielsweise gegen die Gerechtigkeit. Aus diesem Grund kann nicht davon ausgegangen werden, dass ihm gegenüber anderen ethischen Begriffen eine privilegierte Stellung zu kommt.

Zum Begriff der Moderne

Herbert Schnädelbach

Der Ausdruck „Die Moderne" kann *historisch* oder *strukturell* verstanden werden. Im ersten Fall bezeichnet er dann eine geschichtliche *Epoche*, und dies aus der Perspektive derer, die sich als die Modernen vom Alten als dem Veralteten und Vergangenen abgrenzen. Die Verwendung des Begriffspaars *antiqui – moderni* lässt sich bis in die Antike zurückverfolgen, aber bis ins 18. Jahrhundert ist sie nicht mit der Markierung einer historischen Zäsur verbunden. Renaissance und Humanismus hatten sich durch die erneute Zuwendung zum griechisch-römischen Erbe von ihrer unmittelbaren Vergangenheit abzugrenzen versucht und dadurch zugleich „das Mittelalter" und „die Antike" erfunden, aber eine positive Selbstbezeichnung der nicht mehr „mittelalterlichen" Gegenwart als „Neuzeit" ist wortgeschichtlich erst nach 1800 nachweisbar. Bemerkenswert ist, dass das, was wir im Deutschen mit „Neuzeit" meinen – die Zeit nach der Entdeckung Amerikas, der Reformation, der beginnenden Entstehung der Nationalstaaten und des Bürgertums etc. – im Englischen mit *the modern times* und im Französischen mit *les temps modernes* wiedergegeben wird. Dieser Gleichsetzung der Neuzeit mit der modernen Zeit schlechthin ist der deutsche Sprachgebrauch nicht gefolgt; vor allem die Geschichts- und Sozialwissenschaften lassen die Moderne erst um 1830 beginnen. Tatsächlich finden in dieser Zeit kulturelle Veränderungen statt, die die ältere Neuzeit von der neueren deutlich abgrenzen und eine eigene Bezeichnung rechtfertigen. Die Moderne in diesem Sinne ist gekennzeichnet vor allem durch die Folgen der politischen und der industriellen Revolution, die aber erst nach dem Ende der napoleonischen Kriege den gesamten Westen erfassen und allmählich umgestalten. Mindestens seit der Mitte des 19. Jahrhunderts kommt kein moderner Staat mehr an den Ideen von 1789 vorbei, und die unaufhaltsame Industrialisierung, die alle überkommenen Lebensformen umwälzt, wird von den Menschen entweder als Macht des Fortschritts gefeiert oder als blindes Schicksal erlitten und beklagt. – Wenn in ästhetischen Zusammenhängen von der Moderne die Rede ist, bezieht man sich ebenfalls auf eine Epoche; gemeint ist dann die Zeit des Modernismus oder Avantgardismus in der Kunst, die um 1850 in Frankreich beginnt (Baudelaire); er erfasst bis in die Zeit des Ersten Weltkriegs alle Bereiche der Kunst und führt über viele Zwischenstufen das herauf, was wir aus unserer Sicht bereits wieder als „klassische Moderne" wahrnehmen:

die autonome, von Darstellungszwecken abgelöste Literatur, die „abstrakte", d. h. ungegenständliche bildende Kunst und die „atonale" oder tonalitätsfreie Musik.

„Moderne" ist aber auch die Kennzeichnung eines bestimmten Zustandes von Kulturen oder Gesellschaften; dieser strukturelle Begriff der Moderne versucht die Merkmale anzugeben, die die Modernität einer Kultur oder Gesellschaft ausmachen. Die These des Marxismus, all dies ließe sich als Folge der Industrialisierung und des damit einhergehenden Kapitalismus darstellen, kann heute als widerlegt gelten, denn zum einen hat schon Max Weber gezeigt, dass der Siegeszug des modernen Industriekapitalismus seinerseits nicht möglich gewesen wäre ohne bestimmte kulturelle und mentale Voraussetzungen, die als spezifisch modern anzusehen sind, und andererseits beobachten wir in unserer Gegenwart hochindustrialisierte Gesellschaften, deren Lebensformen zum größten Teil noch gar nicht in der Moderne angekommen sind. Im Abendland freilich gehörten der industrielle Kapitalismus und der bürokratische Rechts- und Verfassungsstaat ursprünglich zusammen und können nicht auseinander erklärt werden; weder „erzeugt" die kapitalistische Produktionsweise den Rechtsstaat, noch lässt sich eine Gesellschaft ausschließlich mit rechtlichen und bürokratischen Mitteln erfolgreich industrialisieren, wie in Preußen nach 1830 und am Beispiel der Sowjetunion deutlich wurde. Wieder war es Max Weber, der die gemeinsame Wurzel der westlichen Moderne aufwies und damit wohl auch grundlegende Bedingungen kultureller Modernität überhaupt – *die Rationalisierung von Weltbildern und Lebensformen und die Ausdifferenzierung und Autonomisierung verschiedener Kulturbereiche.*

Tatsächlich ist die moderne Welt die *rationalisierte* Welt. Was die Weltbilder betrifft, so ist sie die Welt „nach der Aufklärung" (Hermann Lübbe), wenn man unter „Aufklärung" die Ablösung von den Mythen und die Ersetzung der das ganze Leben bestimmenden Religion durch die Wissenschaft versteht; Aufklärung in diesem Sinne ist nichts anderes als die Rationalisierung von Weltbildern, und zwar im Sinne der wissenschaftlichen Rationalität der Neuzeit. „Rationalisierung von Lebensformen" bedeutet die Durchsetzung von zielgerichteter, methodisch disziplinierter und reglementierter Lebensführung, ohne die der Kapitalismus im industriellen Maßstab niemals möglich geworden wäre; sie findet ihr soziales Gegenstück in den Institutionen der arbeitsteiligen Fabrikproduktion und des weltumspannenden Warenaustausches, der seinerseits ein funktionierendes Banken- und Finanzsystem sowie zur Rechtssicherheit den bürokratischen Rechts- und Verwaltungsstaat erfordert. – Beide Formen der Rationalisierung und ihre Rückwirkungen auf die Lebenswelt sind auch die wesentliche Ursache für die *Kritik* an der Moderne, die seit den Anfängen der Modernisierung den Aufstieg der Moderne begleitet. Die Rationalisierung der Weltbilder wird vom traditionellen Bewusstsein als „Entzauberung der Welt" (Max Weber), als Verarmung ihrer Erlebnisqualität und als Verlust von Glauben und Moral erlebt; seine Wortführer sind die Romantiker – nicht nur die der Goethe-Zeit, sondern auch Friedrich Nietzsche als Vordenker von Neoromantik, Lebensphilosophie und Jugendbewegung. Die Rationalisierung der Lebensformen bedeutet nach Max Webers Worten die Durchsetzung von Zweckrationalität in allen Lebensbereichen, und in der Tat scheint in der modernen Kultur fast alles von rechtlichen und bürokratischen Reglementierungen bestimmt und das Denken und Handeln der Menschen durchweg von technischen und ökonomischen Zweck-Mittel-Zusammenhängen geprägt zu sein. Die Kritiker der Moderne erinnern mit Recht an die psychischen und physischen Kosten beider Rationalisierungsformen, die freilich im 19. Jahrhundert viel sichtbarer waren als in unserer Gegenwart; sie bringen sie auch zutreffend in einen inneren Zusammenhang, was sie aber bis in unsere Gegenwart häufig genug dazu verleitete, die Strukturen moderner Rationalisierung mit der Rationalität überhaupt zu verwechseln und sich einem blanken Irrationalismus zu verschreiben, als ob es nicht auch irrationale Formen der Rationalisierung gäbe.

Das andere Strukturmerkmal moderner Kulturen – die Ausdifferenzierung und Autonomisierung verschiedener kultureller Bereiche – hat sich ebenso wie die Rationalisierung von Weltbildern und Lebensformen zunächst nur im Abendland durchgesetzt. Dies begann mit dem Auseinandertreten von Staat und Religion im Zuge des mittelalterlichen Investiturstreits des 12. und 13. Jahrhunderts bis hin zum Ende der konfessionellen Bürgerkriege, das zuerst in der politischen Philosophie, dann aber in der Wirklichkeit den säkularen, nicht mehr auf religiöser Legitimität fußenden Staat heraufführte. Die Autonomie der Religion gegenüber dem Staat bedeutete umgekehrt, dass der Staat Religionsfreiheit gewähren konnte, ohne sich selbst aufzugeben. Der säkulare Staat kann, wenn er die Religion freigibt und zur „Privatsache" erklärt, auch generell auf ideelle oder ideologische Legitimationen verzichten; er wird Gedanken-, Rede- und Wissenschaftsfreiheit einräumen, sofern deren Gebrauch nicht seine internpolitische Basis, also die prinzipielle Zustimmung seiner Bürger, gefährdet. Der moderne Staat als Rechts- und Verfassungsstaat wird sich auch nicht mehr als „moralische Anstalt" zur Besserung der Menschheit und als Richter und Aufseher in Kunstdingen verstehen; die Wahrung des Rechtszustandes als Gewähr für die individuelle Freiheit im Rahmen der Gesetze genügt, und die Moral wird zur persönlichen Charaktersache.

So stehen in der modernen Kultur die vom Staat freigesetzten Bereiche Religion, Wissenschaft, Moral und Kunst – und man könnte hier als weitere autonomisierte Teilbereiche die Ökonomie oder die Freizeitwelt hinzufügen – *nebeneinander*. Die kulturellen Sektoren sind auch *voneinander* weitgehend unabhängig; sie müssen nach ihren eigenen Regeln und Standards entwickelt und beurteilt werden. Darum wehren wir uns gegen die Moralisierung der Politik (Stichwort: „Reich des Bösen") ebenso wie gegen die religiöse Bevormundung der Kunst oder die Politisierung der Wissenschaft. Das Problem ist: Die Dinge haben miteinander zu tun; so erwarten wir von der Gesetzgebung, dass sie unsere Moralvorstellungen berücksichtigt, von der Kunst, dass sie religiöse Gefühle respektiert, und dass das Wissenschaftssystem auch eine politische Größe ist, kann niemand leugnen. Damit stellt sich die Frage nach dem möglichen *Miteinander* der autonomisierten Kulturbereiche, aber der moderne Staat stellt hierfür nur die politischen und rechtlichen Rahmenbedingungen bereit; auch er ist nicht mehr die Instanz, der steuernd in alle Felder hineinwirkt. Die moderne Kultur ist eine Welt ohne Zentrum, und genau dieses Fehlen einer alles bestimmenden Zentralgewalt ist das Kennzeichen einer „*offenen Gesellschaft*" (Popper).

Diese Offenheit ist zum einen die reale Grundlage all dessen, was wir als unsere *individuelle* Freiheit schätzen und zu verteidigen bereit sind. Die strukturelle *Pluralität* der modernen Kultur und der in ihr herrschende „Polytheismus der Werte" (Max Weber) stellen eine Vielfalt möglicher Lebensentwürfe und Entscheidungsspielräume bereit, die in unserer eigenen Vergangenheit unvorstellbar gewesen wäre. Wir sind frei in dem Sinne, dass der moderne Staat nichts anderes als Rechtsgehorsam von uns verlangt, uns sonst aber in religiösen, moralischen, wissenschaftlichen und ästhetischen Dingen, aber auch in unseren Lebensentscheidungen freie Hand lässt. Es ist klar, dass unsere Freiheit auch an andere Grenzen stößt als an die staatlich gesetzten – z. B. an ökonomische –, aber die Vielfalt dessen, was sich uns in der Moderne entgegenstellt, kann eben nicht mehr auf *eine* Ursache zurückgeführt werden, und auch dies bestätigt die Modernität unserer Kultur.

Genau *dies* aber – die Unübersichtlichkeit des Ganzen als Preis unserer Freiheit – wird von vielen auch als *Last* empfunden; wäre nicht alles viel besser und leichter, wenn wieder alles eins wäre und einem einzigen Prinzip folgte? Wo die Kritik an der Moderne in antimodernen Protest übergeht, regt sich die Sehnsucht nach der *geschlossenen* Gesellschaft, nach der vermeintlich heilen Welt der Prämoderne, wo angeblich alles klar, einfach und friedlich war, weil es da noch eine alles bestimmende Zentralmacht gab. Wir erleben diesen Antimodernismus heute in der Gestalt des weltweiten Fundamentalismus – nicht nur des islamischen, der den Westen erschreckt; auch hier fehlt es nicht an christlichen Eiferern, die ebenso gern einen „Gottesstaat" errichteten. Die modernste Form des Antimodernismus ist freilich die Idee des „totalen Staats", wie sie der sowjetische Marxismus-Leninismus und der deutsche Nationalsozialismus zu realisieren versuchten; die Verstaatlichung der Gesellschaft selbst, d. h. die politische Gleichschaltung aller Lebensbereiche als solche war hier das eigentliche Ziel, und nicht mehr die Durchsetzung der offiziellen Ideologie, über die die Machthaber ohnehin nur noch die Achsel zuckten.

Der Totalitarismus fand dort breiten Rückhalt, wo er die antimodernen Sehnsüchte bediente, aber sein Scheitern war kein bloßer Zufall. Der Grund ist: Kulturen sind modern auch in dem Maße, in dem sie *reflexiv* geworden sind, d. h. in dem sie sich selbst *als* Kulturen verstehen gelernt haben und damit als nichtnatürliche Lebensformen, die von den Menschen selbst gestaltet und verantwortet werden müssen (siehe auch das Kapitel „Kultur und Natur"). Das Nachdenken einer Kultur über sich selbst ist der Aspekt der Aufklärung, der sich in der bloßen Rationalisierung der Weltbilder und Lebensformen nicht erschöpft; in unserer Tradition war dies immer zugleich Folge und Motor der kulturellen Pluralisierung, und es ist zu erwarten, dass es auch in den Modernisierungsprozessen der noch bestehenden prämodernen Kulturen der Fall sein wird. Sind Kulturen aber erst einmal *vollständig* reflexiv geworden, so dass sie sich in ihrer Selbstdeutung auf nichts anderes als eben die Kultur selbst mehr beziehen können, dann führt kein Weg zurück in die Prämoderne, es sei denn um den Preis von Unfreiheit und Gewalt.

Eugenik

Kurt Bayertz

Der Begriff „Eugenik" ist aus den griechischen Wörtern für „gut" und „Geburt" oder „Abstammung" abgeleitet. Er wurde von Francis Galton im Jahre 1883 eingeführt und avancierte bald zum Namen einer breiten Bewegung, die das Ziel verfolgte, auf der Basis der damaligen Wissenschaft die biologische „Verbesserung" großer sozialer Gruppen (Völker, Rassen oder der Menschheit insgesamt) voranzutreiben.

Diese Bewegung war eine Reaktion auf die ungeheuren sozialen Verwerfungen, die während des 19. Jahrhunderts im Zuge der Industrialisierung entstanden waren. Das Massenelend und seine Auswirkungen auf die Gesundheit der Bevölkerung wurde von den Eugenikern als ein im Kern biologisches Problem wahrgenommen. Man glaubte, einen allgemeinen Niedergang der zivilisierten Menschheit feststellen zu können, der sich auf körperliche Merkmale (Zunahme von Krankheit und Schwäche) bezog, sich aber auch auf die Psyche und das Verhalten (Zunahme von „Schwachsinnigen" und „Asozialen") auswirkte.

Die Theorie Darwins bot eine Erklärung für diese Tendenz zur „Degeneration". Nach einer damals weit verbreiteten Interpretation dieser Theorie hat die allgemeine Höherentwicklung der Lebewesen ihre Ursache in der natürlichen Selektion: Die „besten" Individuen einer beliebigen Art hinterlassen tendenziell mehr Nachkommen als die weniger „guten" Individuen; da sie ihre überlegenen Eigenschaften an ihre Nachkommen weitergeben, wachsen diese Eigenschaften von Generation zu Generation an. Daraus folgerte man im Umkehrschluß, dass dort, wo die natürliche Selektion außer Kraft gesetzt ist, eine solche Höherentwicklung nicht stattfindet, dass sich hier im Gegenteil „minderwertige" Eigenschaften akkumulieren. Da nun die Zivilisation die natürliche Selektion angeblich außer Kraft setzt, schien die Schlussfolgerung zwingend, dass sich die Menschheit in zivilisierten Ländern Schritt um Schritt biologisch verschlechtern würde. Dem wollte die Eugenik Einhalt gebieten.

Die Grundzüge der dabei zu verfolgenden Strategie ergaben sich aus der Diagnose. Wenn die natürliche Selektion unter den Bedingungen der Zivilisation außer Kraft gesetzt ist, dann muss man diesen Ausfall durch künstliche Selektion kompensieren: Der Fortpflanzungsprozess der zivilisierten Menschheit muss planvoll gesteuert werden. Dabei wurde zwischen zwei verschiedenen Strategien der Steuerung unterschieden. (1) „Negative Eugenik" besteht darin, dass man die Weitergabe unerwünschter Eigenschaften an die kommende Generation unterbindet. Zu diesem Zweck müssen die Individuen, die solche unerwünschten Eigenschaften besitzen, von der Fortpflanzung ausgeschlossen werden. Als Mittel dazu wurden vor allem (freiwillige oder unfreiwillige) Sterilisierungen vorgeschlagen. (2) „Positive Eugenik" zielt demgegenüber darauf, Individuen mit „guten" Eigenschaften zu einer stärkeren Fortpflanzung anzuregen, z. B. durch Steuererleichterungen oder Zuschüsse für jedes ihrer Kinder.

Diese beiden Strategien werden seit jeher bei der Züchtung von Pflanzen und Tieren angewandt. In diesem Sinne waren die eugenischen Ideen keineswegs neu. Auch die Idee einer gezielten Züchtung von Menschen ist sehr alt: Platons Dialog „Politeia" enthält eine detaillierte eugenische Utopie, und dasselbe gilt für andere Theoretiker, darunter den Dominikanerpater Tommaso Campanella (1568–1639). Neu war bei den Eugenikern zum einen die (angebliche) naturwissenschaftliche Grundlage in der Theorie Darwins, die ihren Ideen Autorität und Einfluss verlieh. Zum anderen stand hinter ihrem Programm der skizzierte soziale Problemdruck: Man war überzeugt, eine großes soziales Problem lösen zu müssen.

Dies erklärt, dass eugenische Programme seit dem Beginn des 20. Jahrhunderts in vielen Ländern der Erde politisch implementiert wurden. Den Beginn machte der US-Bundesstaat Indiana im Jahre 1907 mit einem Gesetz, das die zwangsweise Sterilisation bestimmter Individuen (vor allem geistig Behinderter) vorschrieb; zahlreiche andere US-Bundesstaaten folgten diesem Modell. Auch in vielen europäischen Ländern wurden Programme negativer Eugenik politisch implementiert und blieben teilweise bis in die 50er und 60er Jahre hinein gültig. Die eugenische Bewegung war zunächst nicht mit einer bestimmten politischen Ideologie verbunden; es gab „rechte", „linke" und auch „liberale" Eugeniker. Vor allem in Deutschland gewannen jedoch antidemokratische, reaktionäre und rassistische Ideologien einen wachsenden Einfluss auf die Eugenik und ihre praktische Anwendung. Schon wenige Monate nach seiner Machtübernahme erließ das NS-Regime eine eugenisch motivierte Gesetzgebung, die zu einer breiten Praxis der Zwangssterilisierung geistig Behinderter führte, von der mehrere Hunderttausend Menschen betroffen waren.

Obwohl die Eugenik (zumindest in einigen ihrer Teile) zunächst als ein seriöses Unterfangen begann, das sich um eine wissenschaftliche Begründung bemühte und humane Ziele verfolgte, war sie allerdings von Beginn an vielfältiger Kritik ausgesetzt. (1) Die Diagnose einer „Degeneration" der zivilisierten Menschheit war von Beginn an umstritten (die heutige Humangenetik hat keine Indizien für eine solche Tendenz). (2) Selbst wenn es eine klare Tendenz zur biologischen Veränderung der Menschheit gäbe, wäre ihre *Bewertung* noch offen; ob eine solche biologische Veränderung als „Degeneration" zu werten ist, hängt von *normativen* Voraussetzungen ab, über die die Eugenik selbst sich niemals Rechenschaft abgelegt hat. Stattdessen ist festzustellen, dass unreflektierte soziale Werte und historisch kontingente Vorurteile eine grundlegende Rolle bei der Formulierung der eugenischen Ziele gespielt haben. (3) Etwaige Strategien negativer Eugenik würden sehr rasch auf Grenzen ihrer Wirksamkeit stoßen. Dies gilt vor allem für heterozygote Merkmale; eine nennenswerte Reduktion solcher Merkmale ließe sich überhaupt nur durch den Ausschluss (nahezu) aller Merkmalsträger von der Fortpflanzung erreichen. Dies wäre offenkundig nicht auf der Basis der freiwilligen Teilnahme an solchen Programmen möglich, sondern würde staatlich durchgesetzte Zwangsmaßnahmen erfordern. (4) Spätestens damit verlässt die Eugenik den Bereich dessen, was moralisch akzeptabel ist; zumindest in liberalen und demokratischen Staaten stößt sie auf unüberwindliche rechtlich-politische Grenzen.

Aufgrund ihrer Verbindung mit der menschenverachtenden Politik des Nazi-Regimes war die Eugenik nach dem Zweiten Weltkrieg nachhaltig diskreditiert. Erst seit den 70er Jahren haben eugenische Ideen eine neue Aktualität gewonnen. Der Grund dafür sind die Fortschritte der modernen Genetik und Gentechnologie, Zellbiologie und Reproduktionsmedizin. Damit hat sich das technische Instrumentarium, mit dessen Hilfe eugenische Ziele realisiert werden könnten, gegenüber der ersten Hälfte des 20. Jahrhunderts dramatisch erweitert. Da ein Ende der biotechnologischen Innovation nicht absehbar ist, erwarten manche Beobachter, dass wir eines Tages in der Lage sein werden, mit Hilfe der Gentechnologie „Menschen nach Maß" zu erzeugen oder mit Hilfe der Klonierung besonders „gelungene" Individuen in beliebiger Stückzahl zu vervielfältigen. Der „Verbesserung" der Menschheit scheinen dann technisch keine Grenzen mehr gesetzt zu sein; es fehlt nicht an Theoretikern, die dafür ein entsprechendes „Qualitätsmanagement" fordern.

Betrachten wir zunächst die Gegenwart. Es gibt in allen fortgeschrittenen Gesellschaften schon heute ein breites Spektrum von technischen Handlungsmöglichkeiten, die prinzipiell eine Beeinflussung der „Qualität" der Nachkommenschaft erlauben. Dazu gehören Samen- und Eispende, künstliche Befruchtung und In-vitro-Fertilisation. Alle diese Techniken fallen allerdings quantitativ nicht ins Gewicht. Das gegenwärtige Hauptinstrument der „Qualitätskontrolle" ist die Pränataldiagnose mit selektiver Abtreibung. In Deutschland werden ca. zwei bis vier Prozent aller Schwangerschaften aufgrund einer Diagnose abgetrieben, die früher die „eugenische" hieß; in anderen Ländern dürften die Zahlen ähnlich sein. Ob diese Praxis als „Eugenik" gelten kann, ist allerdings fraglich. Obwohl sie zweifellos auf eine Beeinflussung der biologischen „Qualität" der

Nachkommenschaft zielt, bestehen gravierende Unterschiede zu den eugenischen Programmen der Vergangenheit. (1) Die klassische Eugenik verfolgte kollektive Ziele; sie wollte ein soziales Problem lösen und die „Qualität" ganzer Gruppen von Menschen oder den Genpool insgesamt verbessern. Bei der heutigen Pränataldiagnostik geht es demgegenüber ausschließlich um individuelle, private Ziele: Die betroffenen Frauen wünschen sich ein gesundes Kind. (2) Während die klassische Eugenik alle möglichen unerwünschten Eigenschaften verhindern und alle möglichen erwünschten Eigenschaften fördern wollte, geht es heute allein um die Verhinderung schwerer Krankheiten oder Behinderungen. (3) Zumindest relevante Teile der klassischen Eugenik forderte staatliche Eingriffe und favorisierte Zwangsmaßnahmen. Heute ist die Teilnahme an der Pränataldiagnostik ebenso freiwillig wie die Entscheidung zur Abtreibung. – Dies sind gravierende Differenzen zur traditionellen Eugenik. Sofern man diese „Qualitätskontrolle" für moralisch problematisch hält, wird man dies nicht aufgrund ihres „eugenischen Charakters" tun können, sondern weil sie mit Abtreibungen verbunden ist.

Im Hinblick auf die Zukunft besteht zunächst kein Grund, an alle jene märchenhaften Technologien zu glauben, deren Realisierbarkeit uns versprochen oder angedroht wird; nicht alle technischen Utopien werden Wirklichkeit. Sodann sollte man zwischen zwei verschiedenen Optionen der gentechnischen Veränderung von Nachkommen unterscheiden. (1) Zum einen kann man versuchen, individuelle Nachkommen durch somatischen Gentransfer zu „verbessern". Solche Eingriffe bleiben auf das betreffende Individuum und eines seiner Organe beschränkt; sie haben daher keinen (im engeren Sinne) eugenischen Charakter, sondern setzen die gegenwärtige Praxis nicht-therapeutischer medizinischer Maßnahmen (wir kennen sie aus der Sportmedizin oder der kosmetischen Chirurgie) mit anderen Mitteln fort. (2) Zum anderen kann man versuchen, die Nachkommenschaft durch Veränderungen der menschlichen Keimbahn zu „verbessern". Diese zweite Option kann als „eugenisch" charakterisiert werden, da sie sich potenziell auf alle entsprechenden Nachkommen erstreckt und eine Veränderung des Genpools herbeiführt. Beide Optionen sind für die Gegenwart ebenso wie für die überschaubare Zukunft aus Gründen der technischen Sicherheit abzulehnen.

Abgesehen von den technischen Problemen besteht das grundsätzliche ethische Problem von Keimbahneingriffen in der Verletzung der Autonomie der Nachkommen. Mit solchen Eingriffen verfügen die heute Lebenden über die Eigenschaften der künftig Lebenden, ohne dass diese ihre Zustimmung dazu geben können. Es ist überaus ungewiss, ob unsere Nachkommen Eigenschaften haben möchten, die wir heute favorisieren. Selbst Eigenschaften wie Intelligenz oder Langlebigkeit müssen nicht unbedingt vorteilhaft sein. Ob eine Eigenschaft tatsächlich „gut" ist, hängt von den sozialen, kulturellen und natürlichen Randbedingungen ab; diese Randbedingungen ändern sich in unvorhersehbarer Weise: Was heute „gut" ist, muss es in der Zukunft nicht sein. An diesem Problem scheitern nahezu alle Vorschläge zur „Verbesserung" der Nachkommenschaft. Zu solchen Eingriffen wären wir moralisch nur dann berechtigt, wenn wir Eigenschaften benennen und herbeiführen könnten, die mit Sicherheit von Vorteil für unsere Nachkommen sein werden. Die einzigen Kandidaten dafür sind gesundheitsbezogene Eigenschaften (z. B. Krankheitsresistenz). Es ist schwer einzusehen, dass und warum wir moralisch verpflichtet sein sollten, unseren Nachkommen solche Eigenschaften vorzuenthalten, vorausgesetzt, wir könnten sie ihnen risikofrei übertragen. Wenn das als „Eugenik" zu gelten hätte, wäre gegen „Eugenik" moralisch nichts einzuwenden.

Moderne Tabus? – Zum Verbot des Klonens von Menschen

Wolfgang van den Daele

Der deutsche Bundestag hat im Januar 2003 mit überwältigender Mehrheit die Regierung aufgefordert, sich auf UN-Ebene für eine weltweite Ächtung des Klonens von Menschen einzusetzen. Das angestrebte Verbot zielt nicht auf die Kontrolle staatlicher Gewalt, sondern auf die Begrenzung individueller Freiheit. Es soll ausschließen, dass Menschen sich nach eigenem Willen durch Klonen fortpflanzen. Es dient nicht nur dem Schutz des zukünftigen Kindes, sondern auch dem Schutz der natürlichen Fortpflanzung. Im Kern geht es darum, die menschliche Natur vor der Selbstbestimmung des Menschen in Sicherheit zu bringen. Das Verbot beschwört ein Tabu.

Tabus sind magisch-religiöse Verbote und Gebote, die Handlungen, Dinge oder Orte mit Attributen des Heiligen oder Unheiligen belegen und dadurch eine Geltung erlangen, die keiner (weiteren) Begründung bedarf. Gibt es moderne Tabus? Sigmund Freud sieht psychologisch keinen Unterschied zwischen dem moralischen Zwang, den Tabus verhängen, und dem Zwang, der vom Kantischen kategorischen Imperativ ausgeht – nur die Gegenstände hätten sich verschoben (Freud 1986 [1913]: Vorwort). Das mag hingehen, wenn man die Heiligkeit der früher mit Tabu belegten Handlungen und Räume mit der „Heiligkeit" (und insofern ebenfalls begründungslosen Geltung) vergleicht, die heute den Menschenrechten zukommt. Bemerkenswert ist aber, dass es jenseits der moralischen Ordnung der Menschenrechte eine Ordnung der Natur geben soll, die „heiligen Grund" definiert, den der Mensch nicht betreten und nicht mit technischen Mitteln rekonstruieren darf.

Entmoralisierung der Natur

In modernen Gesellschaften ist die Natur entsakralisiert und entmoralisiert. Naturwissenschaft, Technik und Industrie haben den Kosmos entzaubert und ein objektivierendes, instrumentelles Verständnis etabliert, in dem die uns umgebende Natur nur mehr als Ressource des Menschen dient. Das hat die „Anbetung" der Natur und den kommunikativen Umgang mit natürlichen Dingen (von den Blumen im Garten bis zur Meeresbrandung) nicht aus dem Verhaltensrepertoire moderner Menschen getilgt. Aber sie hat die gesamtgesellschaftliche Verbindlichkeit solcher Deutungen beseitigt. Francis Bacon fand schon 1620 die Idee, dass die Natur moralische Ansprüche an uns haben sollte, abwegig. Für ihn war sie schlicht „a storehouse of matter", in dem man sich nach Interesse bedienen kann.

Bacon setzte voraus, dass die Menschen selbst nicht Teil dieses Warenlagers der Dinge sind, sondern gewissermaßen davor stehen – als Subjekte, die sich Objekte auswählen und über sie verfügen. Im Weltbild der Neuzeit zieht der Mensch als Person und Träger von Rechten alle moralischen Qualitäten auf sich: Zugleich wird er kategorial von der äußeren Natur getrennt, was in der cartesischen Unterscheidung von *res extensa* und *res cogitans* exemplarisch zum Ausdruck kommt. Die Subjektivierung der Moral und die Entnaturalisierung des Subjekts sind die Prämissen für die Entmoralisierung der Natur. Die zweite Prämisse gerät heute unter Druck.

Streng genommen war die Annahme, der Mensch als Person sei nicht Natur, niemals mehr als eine philosophische Fiktion. Das moralische Konzept der Person hat empirische Korrelate. Man kann die Rechte auf Leben und körperliche Integrität oder die Anerkennung von Selbstbestimmung nicht ohne anthropologische Anker in natürlichen Eigenschaften des Menschen definieren. Man muss auf Vorstellungen vom Körper und seiner Verletzlichkeit zurückgreifen, auf Bedürfnisse und Kompetenzen. Natürliche Eigenschaften aber sind im Prinzip möglicher Gegenstand objektivierender wissenschaftlicher Analyse und technischer Rekonstruktion. Bis vor kurzem waren die technischen Möglichkeiten solcher Rekonstruktion sehr gering, so dass man getrost von der Stabilität der natürlicherweise, d. h. durch die Evolution, vorgegebenen menschlichen Natur ausgehen konnte. Diese beruhigende Situation wird durch die moderne Biomedizin beendet. Anthropologische Konstanten werden kontingent, sie können nach menschlichem Entwurf verändert werden. Diese Kontingenz ist unentrinnbar. Selbst wenn wir nichts ändern, ist das eine Entscheidung, die wir im Bewusstsein treffen müssen, dass wir anders könnten.

Auf diese Perspektive wird mit Versuchen reagiert, die Natur des Menschen zu moralisieren und Tabuzonen auszuzeichnen, in die keine Technik eindringen darf. Damit soll die Konstanz der menschlichen Natur, die durch die Grenzen technischen Könnens faktisch gewährleistet war, nunmehr normativ festgeschrieben werden.

Unantastbarkeit der Tabus der menschlichen Natur?

Es gibt eine Vielzahl von Normen, die belegen, dass der menschlichen Natur auch in modernen Kulturen moralischer Status zukommt. Menschenzüchtung wird einhellig verworfen. Art. 13 des Übereinkommens des Europarates über Menschenrechte und Biomedizin verbietet Eingriffe in die menschliche Keimbahn. Menschliche Organe sind weder handelbar noch patentierbar (*res extra commercium*). In fast allen Ländern ist Tötung auf Verlangen und Mitwirkung an der Selbstverstümmelung eines Menschen strafbar – ungeachtet einer vorliegenden Einwilligung. In Deutschland ist die Einwilligung in Eingriffe in den eigenen Körper unwirksam, wenn sie sittenwidrig ist. Diese Vorschrift, die noch in den 60er Jahren des vorigen Jahrhunderts von liberalen Strafrechtsreformern als überholter Paternalismus angegriffen wurde, gilt heute weitgehend unangefochten. Die Aussicht auf die biotechnische Manipulation des Menschen erzeugt die Verteidigung der Norm, dass niemand nach eigener Willkür über seinen Körper verfügen darf.

Bei keinem dieser Verbote aber kann von einem wirklichen Tabu die Rede sein, wenn mit „Tabu" der heilige Schauder verbunden ist, der die menschliche Natur mit der Aura des Unberührbaren umgibt. Das macht der Vergleich mit einem wirklichen Tabu deutlich. Als die Presse zu Beginn des Jahres 2003 über einen Fall von Kannibalismus in Deutschland berichtete, war das Entsetzen allgemein. Niemand geht davon aus, dass die Selbstbestimmung (informierte Zustimmung) eines Verstorbenen das Verspeisen seiner Leiche rechtfertigen könnte. Hier stoßen wir tatsächlich an ein Tabu. Aber dieses gilt nur für eine Handlung, die in unserer Kultur als in jeder Hinsicht sinnlos gilt. Zu Zwecken einer medizinisch indizierten Transplantation kann man sich dagegen die Organe von Toten im wahrsten Sinne des Wortes „einverleiben", ohne dass es einen kollektiven Aufschrei gibt. Zwar gibt es auch hier Menschen, die zurückschrecken und lieber sterben als mit den Organen anderer zu leben. Aber diese Reaktionen sind Privatsache geworden. Sie fallen in den Pluralismus individualisierter oder gruppenspezifischer Moralvorstellungen – vergleichbar der ethisch begründeten Ablehnung des Fleischkonsums. Die allgemeine Moral erkennt die Transplantation als legitimen Umgang mit dem Menschen an. Vermutlich könnte sogar Eltern das Sorgerecht entzogen werden, wenn sie wegen moralischer Bedenken eine Transplantation bei ihren Kindern ablehnen, obwohl diese medizinisch geboten wäre.

Medizinische Zwecke waren immer schon das Haupteinfallstor für die Technisierung des menschlichen Körpers. Von den Anfängen der Impfung über die ersten Operationen am Herzen und am Gehirn bis zu künstlichen Organen und zur Gentherapie wurde stets vergeblich vor Grenzüberschreitungen gewarnt und die Integrität der menschlichen Natur beschworen. Das Ziel, Leben zu erhalten oder Krankheit abzuwenden, wiegt in modernen Gesellschaften offenbar stärker als das Interesse an der Unberührtheit der menschlichen Natur. Zunehmend wird darüber hinaus Selbstbestimmung als Rechtfertigung anerkannt. Eher triviale Beispiele sind die kosmetische Chirurgie oder der Kaiserschnitt als Entbindungsmethode der Wahl. Bedeutsamer ist die wachsende Akzeptanz der Verfügung über das eigene Leben. Selbsttötung ist nicht nur entkriminalisiert, sondern auch entmoralisiert worden. Menschen können ihren Tod wählen – auch indem sie über die Fortsetzung einer medizinischen Behandlung entscheiden. In einigen Ländern (Holland, Belgien) ist aktive Sterbehilfe (Euthanasie) erlaubt.

Im Einzelnen mag man sich extreme Eingriffe denken können, die durch keinen Zweck gerechtfertigt werden können. Vielleicht würden Kopftransplantationen, die aus zwei halben toten Menschen einen ganzen lebendigen machen, immer und unter allen Umständen abgelehnt werden. Nicht weil sie jemand schädigen oder in seinen Rechten verletzen, sondern weil sie als ein schlechterdings unerträglicher Umgang mit der menschlichen Natur empfunden werden. Hier wäre dann tatsächlich eine Tabugrenze erreicht. Das Gleiche könnte gelten, wenn erhebliche Abschnitte der vorgeburtlichen Entwicklung des Kindes von der Mutter abgetrennt werden sollen (Glasuterus). Allerdings wäre abzuwarten, ob diese Ablehnung Bestand hätte, wenn es die Technik tatsächlich gäbe und schwangere Frauen, die andernfalls ihr Kind verlieren würden, sie in Anspruch nehmen wollten.

Im Allgemeinen kann man davon ausgehen, dass es in modernen Gesellschaften keine moralische Ordnung gibt, die die menschliche Natur unantastbar macht oder heilig spricht. Der Schutz der natürlichen Eigenschaften des Menschen als Organismus lässt sich nicht gegen die Rechte des Menschen als Person ausspielen. Vielmehr sind die konkurrierenden Güter und Rechte abzuwägen, und es ist nach Zwecken zu differenzieren. Gilt das auch für das Klonen von Menschen?

Klonen als Verstoß gegen die Menschenwürde des geklonten Kindes?

Weltweit wird eine ausnahmslose und absolute Ächtung des reproduktiven Klonens gefordert. Die Sicherheit, mit der die Forderung vorgetragen wird, steht aber in einem Missverhältnis zu den Unsicherheiten, die bei seiner Begründung zu Tage treten.

So sieht der amerikanische President's Council on Bioethics im reproduktiven Klonen eine „dehumanizing practice", die er mit dem Inzest auf eine Stufe stellt – aber auch mit der Polygamie. Der Vergleich mit dem Inzest stuft das Klonverbot zu einem echten Tabu hoch. Der Vergleich mit der Polygamie stuft es dagegen dramatisch herunter: Polygamie ist nicht nur in einigen Weltreligionen und Weltregionen eine anerkannte Praxis, auch in unserem Rechtskreis schließt das Polygamieverbot lediglich den

Zugang zur Ehe als Institution aus, es schließt nicht (mehr) die moralische Ächtung des Verhaltens ein, wenn ein Mann und mehrere Frauen eheähnlich zusammenleben.

Um den absoluten Charakter des Verbots abzusichern, wird das Klonen in aller Regel als Verstoß gegen die Menschenwürde (des Klons) gewertet. Der Verweis auf die Instrumentalisierung durch die „bewusste Erzeugung genetisch identischer menschlicher Lebewesen" (Zusatzprotokoll zum Übereinkommen des Europarates über Menschenrechte und Biomedizin) lädt allerdings eher zur Differenzierung ein. Wer klont, um sich zu „verewigen" oder um ein verstorbenes Kind wieder zu beleben oder um sich einen potenziellen Organspender zu verschaffen, degradiert vielleicht tatsächlich das geklonte Kind zum bloßen Mittel. Das gilt aber nicht ebenso für ein unfruchtbares Paar, das ein Kind bekommen möchte, das mit zumindest einem Partner biologisch verwandt ist. In diesem Fall wird das Kind um seiner selbst willen, als Zweck, gewollt.

Warum sollte ein solches Kind deshalb, weil es nicht ebenso wie seine Eltern aus der zufälligen Rekombination zweier Genome entstanden ist, „not equal in dignity and humanity" sein (so aber der President's Council on Bioethics)? Wäre ein Klon etwa kein Mensch? Wenn er aber Mensch ist, ist er normativ Person und Träger von Rechten. Und dass ein geklontes Kind faktisch nicht ebenso anerkannt und geliebt werden kann wie andere Kinder (oder ein adoptiertes oder aus einer Fremdsamenspende hervorgegangenes), bleibt eine aus der Luft gegriffene Behauptung.

Die Anerkennung als Gleicher hängt in modernen Kulturen nicht von der Biologie des Menschen ab. Es mag eine Prämisse einiger Menschenrechtsphilosophien gewesen sein, dass die Menschen von Natur aus gleich geboren werden. Aber die Geltung der Menschenrechte ist von der Geltung dieser Prämisse unabhängig. Gleichheit ist normativ, nicht empirisch begründet. Sie kann daher auch nicht durch wissenschaftliche Ergebnisse in Frage gestellt werden, falls diese nachweisen, dass die Menschen in Bezug auf Eigenschaften, die in unserer Kultur am meisten geschätzt werden, z. B. Intelligenz, Empathie oder Selbstkontrolle, genetisch bedingt ungleicher sind, als wir erwartet haben.

Unerfindlich ist auch, warum ein Klon sich nicht als moralisch handelndes Wesen verstehen können soll (J. Habermas). Soll man annehmen, dass die Umwelt den Klon nicht als moralisches Subjekt wahrnehmen wird oder dass dieser sich selbst nicht so wahrnehmen kann? Beides wird der absehbaren Lebenswirklichkeit eines geklonten Kindes kaum gerecht. Wenn die genetische Herkunft eines solchen Kindes überhaupt offen gelegt würde, dann wohl nur dem Kind selbst und dies (nach dem Modell des Adoptionsrechts) vielleicht im Alter von 16 Jahren. Eine solche Information mag eine Identitätskrise auslösen, was auch von Adoptivkindern bekannt ist, aber sie würde sicher die bisherige Sozialisationsgeschichte nicht einfach annullieren. Wer davon ausgeht, dass ein Kind nach solcher Aufklärung keine Identität mehr entwickeln, bzw. die Identitätsmuster, die es schon aufgebaut hat, wieder einbüßt, erliegt (trotz aller gegenteiligen Versicherungen) einer Ideologie des genetischen Determinismus.

Klonen als Missachtung der Würde der menschlichen Gattung?

Die Österreichische Bioethikkommission beim Bundeskanzleramt bezeichnet Klonen als eine „Manipulation menschlicher Abstammung, die eine elementare Form der Missachtung nicht nur der menschlichen Würde des Einzelnen, sondern auch der menschlichen Gattung darstellt" (Erklärung vom 12. Februar 2003). Dies ist keine singuläre Stimme. Die Erhaltung der Integrität der menschlichen Gattung ist ein wirksames Motiv für die Ablehnung des Klonens. Aber ist sie auch eine tragfähige Begründung?

Man gewinnt nichts, wenn man von Gattungsethik statt von Gattung spricht (J. Habermas), denn das setzt voraus, was es zu beweisen gilt: dass die Gattung uns moralisch verpflichtet. Vielleicht bedürfte es des Beweises nicht, wenn alle dieser Verpflichtung intuitiv inne wären. Davon aber kann man nicht ausgehen. Sicher gibt es Konsens über das Prinzip, dass man die menschliche Natur nicht so verändern darf, dass der Mensch kein Mensch mehr ist, und darüber, dass man Kinder bekommen und nicht herstellen soll. Aber im Detail herrscht Streit. Für die einen ist die Grenze schon mit der In-vitro-Befruchtung und dem künstlichen Herzen überschritten, für die anderen ist sie beim Klonen und beim Keimbahneingriff noch nicht erreicht.

Die Berufung auf die Integrität oder Identität der Gattung appelliert an ein Menschenbild, das es zu bewahren gilt. Aber Menschenbilder sind historisch und kulturell variabel. Für Immanuel Kant verletzten auch Selbsttötung, Homosexualität und sogar Masturbation die Pflichten des Menschen gegenüber seiner eigenen Natur („gegenüber der Menschheit in seiner Person"). Keine dieser Bewertungen ist heute noch nachvollziehbar. Wenn wir nicht mehr als unser Menschenbild anzubieten haben, ist gut denkbar, dass in 200 Jahren die dann lebenden Menschen über unser Klonverbot so denken wie wir heute über Kants Verdikt der Homosexualität.

Der kleinste gemeinsame Nenner: die Risiken der Methode

Ob das Klonen von Menschen tatsächlich ein funktionierendes Tabu ist, das in modernen, säkularen Gesellschaften Bestand hat, wird man so schnell nicht testen können. Nach den Ergebnissen der Forschung an Tieren dürfte das Klonen von Menschen auf absehbare Zeit schon deshalb ausscheiden, weil die Methode mit untragbaren Risiken verbunden ist. Nicht nur sind nach dem gegenwärtigen Stand der Technik zahllose Fehlversuche mit daraus folgenden „fehlgeschlagenen" Menschen vorprogrammiert; offenbar wird der Klon auch mit dem Alter des Genspenders geboren. Ein Verbot wegen der Risiken der Methode hat den Nachteil, dass es durch technischen Fortschritt und neue empirische Kenntnisse in Frage gestellt werden könnte. Aber es hat den Vorzug, dass es unstrittig ist.

Ein solches Verbot ist weniger als ein Tabu. Aber ein Tabu zu fordern, ist widersinnig. Tabus gibt es oder es gibt sie nicht; man kann sie nicht durch politische Entscheidung herstellen. Theoretisch könnte ein Klonverbot auf lange Sicht den Status eines Tabus gewinnen, wenn es den Menschen sprichwörtlich in Fleisch und Blut übergegangen ist. Bei seiner Einführung aber hat es diesen Status nicht. Die Einführung des Klonverbots muss begründet werden. Und die einzige universell tragfähige Begründung dürfte das funktionale Argument sein, dass ein striktes Gebot notwendig ist, um anerkannte Rechtsgüter zu schützen.

Embryonen- und Stammzellforschung

Hans-Peter Schreiber

Im November 1998 berichtete eine amerikanisch-israelische Arbeitsgruppe unter der Leitung des Embryologen J. Thomson von der erstmaligen Klonierung menschlicher embryonaler Zellen in vitro. Nach vorausgegangenen Klonierungserfolgen mit Tieren (Dolly-Technik) wurde diese Technik nun auch im Humanbereich implementiert, wobei ihr wissenschaftliches und biomedizinisches Potenzial, aber auch ihre ethischen und rechtlichen Problemperspektiven erst nach und nach erkannt wurden. Dieser Entwicklung sind erfolgreiche Experimente vorausgegangen, so u. a. mit hämatopoetischen Stammzellen, d. h. mit Zellen, die für die Regenerierung der roten Blutkörperchen im blutbildenden System des Menschen von großer Bedeutung sind und schon heute klinisch erfolgreich bei der Behandlung von Leukämie-Patienten eingesetzt werden. Während die Verfügbarkeit menschlicher embryonaler Stammzellen, vor allem im Hinblick auf ihre Bedeutung für die zellbiologische Grundlagenforschung, prospektiv aber auch für die Entwicklung neuer Therapiekonzepte, vielfach begrüßt werden, führt sie jedoch gleichzeitig zu einer breiten internationalen Debatte über die ethischen und rechtlichen Probleme, die sich insbesondere aus der Art der Generierung embryonaler Stammzellen aus humanen Blastozysten ergeben. Zur Gewinnung von pluripotenten Stammzellen stehen zur Zeit vor allem drei Verfahren zur Verfügung. Das erste ist das der Klonierung. Hierzu wird eine menschliche, unbefruchtete Eizelle entkernt und mit dem Zellkern aus einer beliebigen Körperzelle eines erwachsenen Menschen versehen. Auf diesem Wege soll es möglich werden, so jedenfalls die Forschungsperspektive, autologe, d. h. patienteneigene Transplantate zu generieren. Ein zweites Verfahren zur Gewinnung embryonaler Stammzellen beruht auf der Isolierung einzelner Zellen aus der sog. inneren Zellmasse einer Blastozyste, d. h. aus einem Embryo am 5./6. Entwicklungstag nach der Befruchtung. Hier wirft insbesondere die damit verbundene Zerstörung des Embryos die Frage nach dem moralischen und rechtlichen Status solch frühentwickelter Embryonen auf und damit die nach der moralischen Zulässigkeit verbrauchender Embryonenforschung. Das dritte Verfahren zur Etablierung pluripotenter Stammzellen beruht auf der Gewinnung menschlicher Ur-Keimzellen, den so genannten primordialen Keimzellen, aus abgetriebenen Feten. Inzwischen hat die Forschung Stammzellen in fast allen Organen des erwachsenen

Menschen gefunden, selbst im Gehirn. Gleichwohl, so betonen viele Wissenschaftler, gebe es Hinweise darauf, dass embryonale Stammzellen ein weitaus größeres Vermehrungs- und Differenzierungspotenzial zu haben scheinen als die adulten, gewebespezifischen Zellen im erwachsenen Menschen. Für die Grundlagenforschung erweisen sich embryonale Stammzellen auch deshalb als besonders wertvoll, wie betont wird, weil in ihnen z. B. Gene beliebig ausgeschaltet (engl. *knock-out*), modifiziert oder gentechnisch ersetzt werden können, – alles technische Verfahren auf der Ebene der Grundlagenforschung, die u. a. für ein besseres Verständnis komplexer Genfunktionen im Prozess der Embryonalentwicklung und Zelldifferenzierung von großer Bedeutung sind. Dabei kann es nicht um eine Alternativentscheidung, embryonale versus adulte Stammzellforschung gehen, vielmehr erweist sich auf dem Stand der gegenwärtigen Erkenntnis bzw. Nicht-Erkenntnis eine gleichzeitige Förderung beider Forschungsrichtungen als notwendig. Denn einer Beantwortung der Frage, worin embryonale und adulte Stammzelltypen sich letztendlich unterscheiden bzw. was sie gemeinsam haben, wird man kaum näher kommen, wenn man sich lediglich auf Entwicklungsstadien des einen oder anderen Zelltypus beschränkt. Angesichts der enormen Verwandlungsfähigkeit auch und gerade adulter Stammzellen (Transdifferenzierungspotenzial), über die berichtet wurde, gerät die bisherige Stammzelltypologie ohnehin etwas ins Wanken. Forscher u. a. der Stanford University Medical School prüfen inzwischen nämlich die Frage, ob Stammzellen, angesichts ihres erstaunlich breiten Differenzierungsspektrums, überhaupt eine eigene Zellpopulation darstellen oder ob sie nicht viel eher Zellen in einem bestimmten Funktionszustand entsprechen. So können sich Blutstammzellen, wie man weiß, u. a. in Herzmuskelzellen differenzieren, und zwar nicht nur unter besonderen Laborbedingungen, sondern, wie neueste Bebachtungen gezeigt haben, im Organismus selbst, wo sie sich unter Umständen auch an der Reparatur entfernter Organe aktiv beteiligen können.

Im Zentrum der ethischen und rechtlichen Debatte stehen Fragen nach dem moralischen und rechtlichen Status menschlicher Embryonen in vitro, nach dem Beginn des strafrechtlichen Lebensschutzes sowie nach der Verhältnisbestimmung von Lebensschutz und Menschenwürde in frühen Entwicklungsphasen des Lebens. Diejenigen, die die Forschung an humanen embryonalen Stammzellen gerne mit einem kategorischen Verbot belegt sähen, sind bemüht, die Begriffe „Menschenwürde" und „Menschenrechte" so extensiv auszulegen, dass sich deren Geltungsbereich schon auf die frühesten Entwicklungsformen menschlichen Lebens erweitert, und sie datieren den Beginn des rechtspersonalen Status des Menschen auf den Zeitpunkt der Befruchtung zurück, dies alles jedoch um den Preis einer „kontraintuitiven Überdehnung" (Habermas) und semantischen

Entleerung dieser rechtsmoralischen Grundbegriffe. Damit verbinden viele die Erwartung, dass ein Verbot der Forschung mit überzähligen Embryonen und menschlichen embryonalen Stammzellen sich mit dem Hinweis ausreichend begründen lässt, dass diese Forschung einer Verletzung des unantastbaren Rechtsgutes „Menschenwürde" gleich käme. Was durch Fortschritte in der Reproduktionsmedizin am Beginn des Lebens aber grundsätzlich disponibel und damit zum Gegenstand biomedizinischer Forschungsinteressen geworden ist, soll nun mittels einer rechtspolitischen Ausweitung des Menschenwürdebegriffs gleichsam normativ wieder unverfügbar gemacht werden. In pluralistischen Gesellschaften erweist sich eine solche Verbotsforderung jedoch als höchst unrealistisch, und zwar nicht deshalb, weil Forschung und Industrie so übermächtig wären, sondern weil sich auf der Grundlage einer liberalen und pluralistischen Wertordnung eine allzu restriktive Kontrolle und Forschungseinschränkung nicht verbindlich begründen lässt (van den Daele).

Bei aller Unterschiedlichkeit nationaler Bewertungsmaßstäbe sowie rechtsethischer Beurteilung der Embryonen- und Stammzellforschung wird man gleichwohl feststellen können, dass die weltweite Debatte mit großer Differenziertheit und Sorgfalt geführt wird. Was die gesetzliche Regulierung betrifft, so hat im europäischen Ländervergleich ohne Zweifel Großbritannien die wohl forschungsoffenste Gesetzgebung geschaffen, die nicht nur erlaubt, Forschung an überzähligen Embryonen durchzuführen, sondern auch Embryonen eigens für die Forschung in vitro herzustellen und bis zum 14. Lebenstag zu nutzen. In Frankreich ist die Herstellung von Embryonen für die Forschung und damit die Produktion von Stammzellen durch das *„Loi N° 94-654"* grundsätzlich verboten. Ähnlich wie in England herrscht auch in den skandinavischen Ländern gegenüber der Embryonen- und embryonalen Stammzellforschung insgesamt eine liberale Einstellung vor. So ist u. a. in Schweden nicht nur die Gewinnung von embryonalen Stammzellen aus überzähligen Embryonen erlaubt, sondern dem Richtlinienentwurf des Schwedischen Wissenschaftsrates zufolge auch Forschung im Umfeld der Kerntransfer-Technik (therapeutisches Klonen).

Der in der Schweiz vorliegende Gesetzesentwurf *Über die Forschung an überzähligen Embryonen und embryonalen Stammzellen* geht zwar nicht so weit wie der schwedische, gleichwohl ist er keineswegs dogmatisch fixiert, sondern an einem eher pragmatischen Regulierungsansatz orientiert. Die in ihm vertretene Position einer grundsätzlichen Abwägungsoffenheit bezüglich der Verwendung überzählig gewordener Embryonen für die Forschung geht davon aus, dass eine rechtliche und ethische Normierung biomedizinischer Embryonen- und Stammzellforschung sich nicht von moralisch rigoristischen Vorstellungen leiten lassen kann, sondern letztendlich nur von einer Politik, die unter Bedingungen einer gesellschaftlich liberalen Werteordnung zum rechtlichen und moralischen Kompromiss fähig ist. Entsprechend fügt sich dieser Entwurf in die bestehenden oder zum Teil noch geplanten Forschungsregularien der EU passgerecht ein, insbesondere auch in die Bioethikkonvention des Europarates. Dieser Konvention zufolge ist nämlich Forschung an überzähligen Embryonen nach Art. 18 Abs. 1 unter der Voraussetzung möglich, dass der entsprechende Mitgliedstaat in seiner Rechtsordnung dem Embryo einen „angemessenen Schutz" gewährleistet. Im Weiteren ist positiv anzumerken, dass der vorliegende Gesetzesentwurf nicht nur die Gewinnung humaner ES-Zellen aus in der Schweiz gelagerten überzähligen Embryonen unter den erwähnten Bedingungen grundsätzlich zulässt, sondern auch den Import solcher Stammzellen bzw. Stammzelllinien, und zwar ohne Stichtagsregelung, ermöglicht. Damit wird nicht nur die Transparenz und Kontrollmöglichkeit bezüglich der Herkunft dieser Zelllinien optimal gewährleistet, sondern vor allem auch jene Doppelmoral vermieden, die einzelnen Rechtsordnungen europäischer anderer Länder anhaftet.

Kultur und Natur

Herbert Schnädelbach

Das Wort „Kultur" verwenden wir in mindestens drei unterschiedlichen Zusammenhängen. Zum einen reden wir von dem Bereich, für den in vielen Ländern ein eigenes Ministerium zuständig ist – also über die Welt der Museen, Opernhäuser, Symphonieorchester, Festivals etc.; das alles wird zwar von den Gebildeten hoch geschätzt, aber selten ist dafür genügend Geld da, denn es kostet viel mehr als es einbringt, und deswegen wird dort häufig zuerst gespart. Dann sprechen wir auch von der abendländischen, der islamischen, der fernöstlichen Kultur oder von afrikanischen Eingeborenenkulturen und meinen dann die unterschiedlichen Lebensformen und Traditionen ganzer Völker und Bevölkerungen. Die größte Reichweite hat der Begriff „Kultur" als Gegenbegriff zu „Natur"; damit ist dann der Inbegriff dessen gemeint, was den Menschen als Gattungswesen von allen anderen Naturwesen unterscheidet: dass er nämlich die Welt, in der er allein leben und überleben kann, durch seine eigene Tätigkeit schaffen und erhalten muss. Der Mensch ist „von Natur ein Kulturwesen" (Arnold Gehlen); die Natur sorgt nicht für ihn, sondern er muss für sich selbst sorgen, und zwar dadurch, dass er das, was ihm die Natur bietet, so aufnimmt und verändert, dass es ihm zum „Lebensmittel" taugt.

Diese verschiedenen Kulturbegriffe verbindet eine gemeinsame Grundbedeutung des Wortes „Kultur" (lat. *colo, colui, cultus* – pflegen, bebauen, bearbeiten) und dies ursprünglich im landwirtschaftlichen Sinne: lat. *cultura* – der Anbau, die Anpflanzung, der Ackerbau. So sprechen auch wir von Obst- oder Rebenkulturen, und meinen damit etwas, was ständig Arbeit kostet und Pflege erfordert, damit es die Natur nicht überwuchert und zerstört. Genau dies, dass nämlich Kultur dasjenige ist, was sich nicht von selbst versteht, dessen Bestand fortgesetzte Anstrengung kostet, weil es sonst im bloß Natürlichen versinkt, kann man als das Verbindende aller unterschiedlichen Kulturbegriffe ansehen. Schon die Stoiker und nach ihnen Cicero verwenden *cultura* im übertragenen Sinn und fordern eine Beackerung und Pflege der menschlichen Seele, woraus die bis in unsere Tage sehr stabile Tradition der begrifflichen Verknüpfung von Kultur und Bildung entstand; Cicero bezeichnet die Philosophie selbst als *cultura animi*, was zeigt, dass er ihre wichtigste Bedeutung nicht in wertfreier Erkenntnis suchte, sondern in ihrer Funktion als Bildungsmacht. Die Tatsache, dass Kultur in jeder Hinsicht Mühe macht, erklärt auch, warum das „Kultürliche" in der Regel als etwas Wertvolles gilt, denn was Mühe kostet, ist dann, wenn man sie sich macht, auch der Mühe wert. Dass „Kultur" meist als Wertbegriff erscheint, wird nicht dadurch widerlegt, dass wir manches, was in anderen Kulturen geschätzt wird, als unkultiviert oder gar barbarisch ablehnen, denn häufig beruht das auf Gegenseitigkeit, und es bestätigt überdies, dass auch die Ablehnung als negative Wertung Wertmaßstäbe voraussetzt, die die Wertenden nur ihren jeweiligen kulturellen Hintergründen entnehmen können. Die Natur wertet nicht, und wer glaubt, er könne fremde kulturelle Tatbestände als „unnatürlich" oder „widernatürlich" abtun, betrügt sich selbst darüber, dass er sich damit nur auf die eigenen kulturellen Selbstverständlichkeiten bezieht, die er fälschlich für natürlich hält.

Gleichwohl sind die angeführten Differenzen innerhalb des Begriffsfeldes „Kultur" ein spätes Produkt unserer kulturellen Entwicklung. Solange wir die Existenz von menschlichen Wesen in der Evolution zurükkverfolgen können, haben sie in Kulturen gelebt; zumindest Werkzeuge haben sie angefertigt und das Feuer beherrscht, und daraus folgt, dass der „natürliche Mensch" ein romantisches Phantom ist. Aber obwohl wir beim Menschen immer schon von einer Differenz zwischen Natur und Kultur ausgehen müssen, kann das Bewusstsein dieser Differenz erst spät aufgekommen sein. Wir finden es freilich schon ausgedrückt in zahlreichen Mythen, die wie die alttestamentliche Erzählung der Weltschöpfung prinzipielle Unterschiede zwischen der Natur und der Menschenwelt ausdrücken – hier beginnt die wahre Menschheitsgeschichte erst nach dem Sündenfall mit der Vertreibung aus dem Paradies und der Not der Arbeit, d. h. mit der Kultur – aber der uns vertraute Kulturbegriff als Gegensatz zu dem der Natur kommt erst im 18. Jahrhundert auf. Für das, was dem Menschen vorgegeben ist, worauf er keinen Einfluss hat, was seinen eigenen Gesetzen folgt und von uns nur beobachtet werden kann, hatten die Griechen den Begriff *phýsis* gefunden, was ursprünglich das von selbst Wachsende meint, und dies haben die Römer dann mit *natura* übersetzt – eigentlich „die Geburt". Obwohl lange Zeit der umfassende Kontrastbegriff der „Kultur" nicht zur Verfügung stand, war immer klar, dass die Verwendung von „Natur" das Bewusstsein von etwas beinhaltet, was nicht bloß natürlich ist, und dies fasste die Sophistik als den Bereich des vom Menschen „Gesetzten" (*thései*, *nómo*) und Aristoteles später genauer als den Bereich der menschlichen Angelegenheiten (*tà anthrópina*), d. h. seiner Handlungen und Handlungsfolgen.

Wie wenig selbstverständlich die begriffliche Differenz zwischen Natur und Kultur wirklich ist, kann man daran ablesen, dass auch wir geneigt sind, unsere eigenen kulturellen Lebensformen für „ganz natürlich" zu halten. So wurde in diesem Sinne über Jahrhunderte im Abendland die

hier übliche soziale Arbeits- und Rollenverteilung zwischen Mann und Frau
als unabänderlich angesehen und gerechtfertigt; es kostete kulturelle Anstrengung, wahrzunehmen und einzusehen, dass hier fast alles auch anders geht. Dass Kulturen lernen, sich als nichtnatürlich zu erkennen und
damit als Lebensformen, zu denen Alternativen denkbar sind, ist der Prozess des Reflexivwerdens von Kultur, den man auch „Aufklärung" nennt.
Meist ist er mit kulturellen Erschütterungen verbunden, denn das bisher
Gelebte verliert dadurch seine quasi-natürliche Stabilität und steht plötzlich zur Disposition. Tatsächlich aber ist es umgekehrt: Es sind die kulturellen Erschütterungen, die das skeptische Nachdenken der Menschen über
sich und ihre Traditionen in Gang setzen; Beispiele dafür sind die sophi-
stische Aufklärung im 5. vorchristlichen Jahrhundert im Zuge der Krise
der klassischen griechischen Kultur sowie die bürgerliche Aufklärung im
westlichen Europa nach dem Zerfall der mittelalterlichen Welt. In dem
Maße, in dem eine Kultur reflexiv geworden ist, gehören Kultur und Kul-
turkritik zusammen, freilich meist mit der Folge, dass die Aufklärer als die
Kulturkritiker für das verantwortlich gemacht werden, was sie nur zum
Bewusstsein bringen – die Krise der Kultur selber.

Das kulturelle Selbstbewusstsein führt in der Regel dazu, dass eine Kultur sich mit Kultur überhaupt gleichsetzt und alles, was anders ist, als barbarisch abtut. Dieser Ethnozentrismus, der das eigene Volk (éthnos) für
das Zentrum der Welt hält, bestimmte schon das Denken der Griechen,
die alle Nichtgriechen, die eben nicht griechisch, sondern „bar bar", d. h.
unverständlich redeten, als „Barbaren" bezeichneten; er ist kennzeichnend
für alle Hochkulturen, für die altägyptische ebenso wie für die indische
und chinesische. Im christlichen Abendland waren die Barbaren die Hei-
den, die man aber nicht nur christianisieren, sondern zivilisieren wollte,
denn sie galten ja zugleich als die „Wilden"; der westliche Ethnozentrismus
wurde somit zur ideologischen Grundlage des modernen Kolonialismus
und verschaffte ihm ein gutes Gewissen. Es ist eine besondere Leistung
der europäischen Aufklärung seit dem 18. Jahrhundert, die einfachen
Gegensätze zwischen Kultur und Barbarei, Zivilisation und „Wildheit" auf-
gelöst und der Erkenntnis Raum verschafft zu haben, dass „Kultur" ein
Plural ist, d. h. dass die irritierende Verschiedenheit von Lebensformen,
die die Menschen dazu verleitet, das jeweils Andere als das Unkultivier-
te, Barbarische, Wilde abzuwehren, nicht die Ausnahme, sondern der Nor-
malfall ist. Die Einsicht, dass die menschliche Kultur nur als eine Vielheit
von Kulturen existiert, ist wesentlich eine Folge der internen Pluralisierung der Kultur in der westlichen Moderne (siehe das Kapitel „Moderne");
sie hatte es nicht leicht, sich durchzusetzen. Das war vor allem in Deutschland der Fall, wo man seit der Goethezeit gern mit dem Gegensatz von
Kultur und Zivilisation operierte, wobei „Kultur" den Bereich der Bildung

und „Zivilisation" den der bürgerlichen Umgangsformen und der Annehmlichkeiten des Lebens bezeichnen sollte; die damit verbundene Wertdifferenz wurde dann gern dazu benutzt, die Überlegenheit der deutschen Kultur gegenüber der westlichen, d. h. vor allem der amerikanischen Zivilisation zu behaupten. Inzwischen hat sich auch bei uns der moderne wertfreie Kulturbegriff durchgesetzt, der solche ideologischen Verwendungen ausschließt. Die innere Pluralisierung moderner Kulturen bedeutet zudem, dass nun von der Kultur als einem Sektor der Gesamtkultur neben anderen – also der Politik, der Wirtschaft, dem Rechtssystem usf. – die Rede sein konnte; prämoderne Kulturen kennen solche Unterscheidungen nicht, denn da durchdringt das, was ihre kulturelle Identität ausmacht – und das ist in der Regel die Religion – alle Lebensbereiche.

Gleichwohl führt der moderne Kulturpluralismus auf ein schwieriges Problem – das des Kulturrelativismus. Wenn es richtig ist, dass die Kultur als die menschliche Lebenswelt so viele Verschiedenheiten aufzeigt, ist zu fragen, was sie miteinander gemeinsam haben. Solche Gemeinsamkeiten aber sind erforderlich, wenn die Menschen verschiedener Kulturen einander verstehen und nicht nur im Krieg miteinander leben wollen. Seit langem machte sich die moderne Ethnologie und Kulturwissenschaft auf die Suche nach kulturellen Universalien, die als Brücken zwischen den unterschiedlichen Lebensformen dienen könnten. Die Skeptiker hingegen wandten mit Recht dagegen ein, dass eine solche Forschung ja selber nur aus einer westlichen Perspektive erfolge, d. h. dass gar nicht zu erwarten sei, dass die Ethnologen etwas anderes als das ihnen schon Vertraute wahrnehmen. Zu Ende gedacht, führt dieses Argument der Kulturrelativität zur Unmöglichkeit von Kulturwissenschaft überhaupt. Viel ernster sind seine politischen und moralischen Konsequenzen: Zu jeder Kultur gehören spezifische Normen und Werte, nach denen die Menschen jeweils leben. Mit welchem Recht postuliert die abendländische Tradition universelle Menschenrechte, die man auch gegen den Widerstand lokaler Traditionen durchsetzen dürfte ? Handelt es sich dabei nicht in Wahrheit um ein westliches Erbe, das aus antiken und jüdisch-christlichen Quellen stammt? Mit solchen Hinweisen versuchen auch heute noch die Machthaber in verschiedenen Weltgegenden, das abzuwehren, was sie als westlichen Kulturimperialismus ausgeben, was in Wahrheit aber nur ihre Gewaltherrschaft einschränkt. Gleichwohl: Was haben wir gegen Kinderarbeit, Witwenverbrennung, Genitalbeschneidung oder die grässlichen Strafen der islamischen Scharia einzuwenden, wenn die Betroffenen dies selbst akzeptieren und praktizieren? Ein Großteil der kulturrelativistischen Skepsis wird uns freilich durch die Existenz der Vereinten Nationen abgenommen – durch die Charta der UNO ebenso wie die Deklaration der Menschenrechte durch die UNO-Vollversammlung (1948); beides haben alle Staaten unterschrieben und ratifiziert, die UNO-Mitglieder sind. Das hindert freilich viele Politiker nicht daran, anders zu reden und zu handeln. Trotz der UNO bleibt die Universalität kultureller Normen und Werte eines der drängendsten theoretischen Probleme in einer Welt, die durch die Globalisierung lokale Lebensformen immer stärker bedroht und wohl gerade dadurch den Weltfrieden gefährdet.

Anhang

Literaturhinweise

Humangenetik, genetische Diagnostik, genetische Beratung

Ad hoc Commitee on Genetic Counseling of the American Society of Human Genetics (1975) Genetic Counseling. *Am J Hum Genet* 27: 240–242

Bundesärztekammer (2003) Richtlinien zur prädiktiven genetischen Diagnostik (14.02.2003).
http://www.bundesaerztekammer.de/30/Richtlinien/Richtidx/Praediktiv/index.html (Zugriff 21.01.2004)

Deutsche Forschungsgemeinschaft (2003) Prädiktive genetische Diagnostik. Wissenschaftliche Grundlagen, praktische Umsetzung und soziale Implementierung. Stellungnahme der Senatskommission für Grundsatzfragen der Genforschung.
http://www.dfg.de/aktuelles_presse/reden_stellungnahmen/2003/download/praediktive_genetische_diagnostik.pdf (Zugriff 21.01.2004)

Schmidtke J (2002) *Vererbung und Ererbtes – Ein humangenetischer Ratgeber.* Verlag der GUC, Chemnitz

Wertz DC (1989) The 19-nation survey; genetics and ethics around the world. In: DC Wertz, JC Fletscher (eds): *Ethics and human genetics.* Springer Verlag, Berlin, Heidelberg, New York, 1–79

Wolff G (1992) Die Bedeutung von Beratung in der medizinischen Genetik – speziell im Rahmen von vorgeburtlicher Diagnostik. *Fortschritt und Fortbildung in der Medizin* 16: 199–206

Wolff G (2000) Genetische Beratung. In: D Ganten, K Ruckpaul (Hrsg): *Handbuch der Molekularen Medizin. Monogen bedingte Erbkrankheiten 2.* Springer Verlag, Berlin, Heidelberg, New York, 1–41

Wolff G, Jung C (1994) Nichtdirektivität und genetische Beratung. *Med Genetik* 6: 195–204

Vogel F, Motulski A (1997) *Human Genetics.* Springer Verlag, Berlin, Heidelberg, New York

Biobanken

Council of Europe (1997) Convention for the Protection of Human Rights and Dignity of the Human Being with Regard to the Application of Biology and Medicine. Oviedo, 4.IV.1997: http://conventions.coe.int/treaty/en/treaties/html/164.htm (Accessed January 19, 2004)

European Society of Human Genetics, Public and Professional Policy Committee (2000) Data Storage and DNA-Banking for Biomedical Research: Informed Consent, Confidentiality, Quality Issues, Ownership, Return of Benefits. Background Document, October 2000

Barbour V (2003) UK Biobank: a project in search of a protocol? *Lancet* 361: 1734–1738

Buselmaier W, Tariverdian G (1999) *Humangenetik.* Springer Verlag, Berlin, Heidelberg, New York

HUGO Ethics Committee (2000) Statement on Benefit Sharing (9. April 2000): http://www.gene.ucl.ac.uk/hugo/benefit.html (Accessed January 20, 2004)

Kaiser J (2003) Genomic medicine. African-American population biobank proposed. *Science* 300: 1485

Schroeder D, Williams G (2002) DNA-Banken, informierte Einwilligung und Treuhandschaft. *Ethik in der Medizin* 14: 84–95
Triendl R (2003) Japan launches controversial Biobank project. *Nat Med* 9: 982
Zentrale Ethikkommission der Bundesärztekammer (2003) Stellungnahme über „Die
(Weiter-)Verwendung von menschlichen Körpermaterialien für Zwecke medizinischer Forschung" (20.02.2003):
http://www.aerzteblatt.de/v4/plus/down.asp?typ=PDF&id=1130 (Zugriff 20.01.2004)

Grundrechte
Rawls J (1993) *Political Liberalism.* Columbia University Press, New York
Rawls J (2001) *Justice as Fairness: A Restatement.* Harvard University Press, London
Sunstein CR (1996): *Legal Reasoning and Political Conflict.* Oxford University Press, Ox-
ford

Moderne
Habermas J (1985) *Der philosophische Diskurs der Moderne.* Suhrkamp, Frankfurt/Main
Piepmeier R (1984) Modern, die Moderne. In: J Ritter, K Gründer, G Gabriel (Hrsg):
Historisches Wörterbuch der Philosophie. Bd. VI. Schwabe, Basel, Sp. 54 ff
Schnädelbach H (1992) Gescheiterte Moderne? In: H Schnädelbach: *Zur Rehabilitierung
des animal rationale. Vorträge und Abhandlungen 2.* Suhrkamp, Frankfurt/Main, 431 ff
Weber M (2002) Vorbemerkungen zu den „Gesammelten Aufsätzen zur Religionsso-
ziologie" [1894–1922]. In: D Kaesler (Hrsg): *Max Weber. Schriften 1894–1922.* Krö-
ner, Stuttgart, 557 ff

Moderne Tabus
Bacon F (1963) Novum Organum, Parasceve [1620]. In: J Spedding, R Ellis, D Heath
(eds): *The Works of Francis Bacon.* Bd. 4. (London 1860), Nachdruck: Frommann,
Stuttgart
Freud S (1986) *Totem und Tabu. Gesammelte Werke* [1913]. 7. Auflage. Fischer Verlag,
Frankfurt
Habermas J (2001) *Die Zukunft der menschlichen Natur.* Suhrkamp, Frankfurt/Main
Kant I (1968): *Metaphysik der Sitten. Tugendlehre* [1797]. Akademie Ausgabe Werke. Bd.
6. de Gruyter, Berlin
President's Council on Bioethics (2002) Human Cloning and Human Dignity. Was-
hington D.C. http://www.bioethics.gov/reports/cloningreport/index.html. (Ac-
cessed January 20, 2004)

Embryonen- und Stammzellforschung
Damschen G, Schönecker D (Hrsg.) (2003) *Der moralische Status menschlicher Embryonen.* Walter de Gryter-Verlag, Berlin/New York
Kaminsky C (1998) *Embryonen, Ethik und Verantwortung.* Mohr Siebeck, Tübingen
Merkel R (2002) *Forschungsobjekt Embryo. Verfassungsrechtliche und ethische Grundlagen
der Forschung an menschlichen embryonalen Stammzellen.* Deutscher Taschenbuch Verlag, München

Kultur
Gehlen A (1986) *Anthropologische und sozialpsychologische Untersuchungen.* Rowohlt, Rein-
bek
Perpeet W (1976) Kultur, Kulturphilosophie. In: J Ritter, K Gründer, G Gabriel (Hrsg):
Historisches Wörterbuch der Philosophie. Bd. IV. Schwabe, Basel, Sp. 1309–1324
Schnädelbach H (1994): Kultur. In: E Martens, H Schnädelbach (Hrsg): *Philosophie. Ein
Grundkurs.* 3. Aufl.. Rohwolt, Reinbek, 508–548

Europäische Dokumente

Übereinkommen zum Schutz der Menschenrechte und der Menschenwürde im Hinblick auf die Anwendung von Biologie und Medizin: Übereinkommen über Menschenrechte und Biomedizin vom 4. April 1997

Präambel

Die Mitgliedstaaten des Europarats, die anderen Staaten und die Europäische Gemeinschaft, die dieses Übereinkommen unterzeichnen – eingedenk der von der Generalversammlung der Vereinten Nationen am 10. Dezember 1948 verkündeten Allgemeinen Erklärung der Menschenrechte;

eingedenk der Konvention vom 4. November 1950 zum Schutze der Menschenrechte und Grundfreiheiten;

eingedenk der Europäischen Sozialcharta vom 18. Oktober 1961; eingedenk des Internatio-nalen Paktes über bürgerliche und politische Rechte und des Internationalen Paktes über wirtschaftliche, soziale und kulturelle Rechte vom 16. Dezember 1966; eingedenk des Übereinkommens vom 28. Januar 1981 zum Schutz des Menschen bei der automatischen Verarbeitung personenbezogener Daten;

eingedenk auch des Übereinkommens vom 20. November 1989 über die Rechte des Kindes; in der Erwägung, daß es das Ziel des Europarats ist, eine engere Verbindung zwischen seinen Mitgliedern herbeizuführen, und daß eines der Mittel zur Erreichung dieses Zieles darin besteht, die Menschenrechte und Grundfreiheiten zu wahren und fortzuentwickeln;

im Bewußtsein der raschen Entwicklung von Biologie und Medizin; überzeugt von der Notwendigkeit, menschliches Leben in seiner Individualität und als Teil der Menschheit zu achten, und in der Erkenntnis, daß es wichtig ist, seine Würde zu gewährleisten;

im Bewußtsein, daß der Mißbrauch von Biologie und Medizin zu Handlungen führen kann, welche die Menschenwürde gefährden; bekräftigend, daß die Fortschritte in Biologie und Medizin zum Wohl der heutigen und der künftigen Generationen zu nutzen sind;

betonend, daß internationale Zusammenarbeit notwendig ist, damit die gesamte Menschheit aus Biologie und Medizin Nutzen ziehen kann;

in Anerkennung der Bedeutung, die der Förderung einer öffentlichen Diskussion über Fragen im Zusammenhang mit der Anwendung von Biologie und Medizin und über die darauf zu gebenden Antworten zukommt;

von dem Wunsch geleitet, alle Mitglieder der Gesellschaft an ihre Rechte und ihre Verantwortung zu erinnern;

unter Berücksichtigung der Arbeiten der Parlamentarischen Versammlung auf diesem Gebiet, einschließlich der Empfehlung 1160 (1991) über die Ausarbeitung eines Übereinkommens über Bioethik;

entschlossen, im Hinblick auf die Anwendung von Biologie und Medizin die notwendigen Maßnahmen zu ergreifen, um den Schutz der Menschenwürde sowie der Grundrechte und Grundfreiheiten des Menschen zu gewährleisten – sind wie folgt übereingekommen:

Kapitel I – Allgemeine Bestimmungen

Artikel 1 – Gegenstand und Ziel

Die Vertragsparteien dieses Übereinkommens schützen die Würde und die Identität menschlichen Lebens und gewährleisten jedem Menschen ohne Diskriminierung die Wahrung seiner Integrität sowie seiner sonstigen Grundrechte und Grundfreiheiten im Hinblick auf die Anwendung von Biologie und Medizin.

Jede Vertragspartei ergreift in ihrem internen Recht die notwendigen Maßnahmen, um diesem Übereinkommen Wirksamkeit zu verleihen.

Artikel 2 – Vorrang des menschlichen Lebens

Das Interesse und das Wohl des menschlichen Lebens haben Vorrang gegenüber dem bloßen Interesse der Gesellschaft oder der Wissenschaft.

Artikel 3 – Gleicher Zugang zur Gesundheitsversorgung

Die Vertragsparteien ergreifen unter Berücksichtigung der Gesundheitsbedürfnisse und der verfügbaren Mittel geeignete Maßnahmen, um in ihrem Zuständigkeitsbereich gleichen Zugang zu einer Gesundheitsversorgung von angemessener Qualität zu schaffen.

Artikel 4 – Berufspflichten und Verhaltensregeln

Jede Intervention im Gesundheitsbereich, einschließlich Forschung, muß nach den einschlägigen Rechtsvorschriften, Berufspflichten und Verhaltensregeln erfolgen.

Kapitel II – Einwilligung

Artikel 5 - Allgemeine Regel

Eine Intervention im Gesundheitsbereich darf erst erfolgen, nachdem die betroffene Person über sie aufgeklärt worden ist und frei eingewilligt hat. Die betroffene Person ist zuvor angemessen über Zweck und Art der Intervention sowie über deren Folgen und Risiken aufzuklären. Die betroffene Person kann ihre Einwilligung jederzeit frei widerrufen.

Artikel 6 – Schutz einwilligungsunfähiger Personen

(1) Bei einer einwilligungsunfähigen Person darf eine Intervention nur zu ihrem unmittelbaren Nutzen erfolgen; die Artikel 17 und 20 bleiben vorbehalten.

(2) Ist eine minderjährige Person von Rechts wegen nicht fähig, in eine Intervention einzuwilligen, so darf diese nur mit Einwilligung ihres gesetzlichen Vertreters oder einer von der Rechtsordnung dafür vorgesehenen Behörde, Person oder Stelle erfolgen. Der Meinung der minderjährigen Person kommt mit zunehmendem Alter und zunehmender Reife immer mehr entscheidendes Gewicht zu.

(3) Ist eine volljährige Person aufgrund einer geistigen Behinderung, einer Krankheit oder aus ähnlichen Gründen von Rechts wegen nicht fähig, in eine Intervention einzuwilligen, so darf diese nur mit Einwilligung ihres gesetzlichen Vertreters oder einer von der Rechtsordnung dafür vorgesehenen Behörde, Person oder Stelle erfolgen. Die betroffene Person ist soweit wie möglich in das Einwilligungsverfahren einzubeziehen.

(4) Der Vertreter, die Behörde, die Person oder die Stelle nach den Absätzen 2 und 3 ist in der in Artikel 5 vorgesehenen Weise aufzuklären.

(5) Die Einwilligung nach den Absätzen 2 und 3 kann im Interesse der betroffenen Person jederzeit widerrufen werden.

Artikel 7 – Schutz von Personen mit psychischer Störung

Bei einer Person, die an einer schweren psychischen Störung leidet, darf eine Intervention zur Behandlung der psychischen Störung nur dann ohne ihre Einwilligung erfolgen, wenn ihr ohne die Behandlung ein ernster gesundheitlicher Schaden droht und die Rechtsordnung Schutz gewährleistet, der auch Aufsichts-, Kontroll- und Rechtsmittelverfahren umfaßt.

Artikel 8 – Notfallsituation

Kann die Einwilligung wegen einer Notfallsituation nicht eingeholt werden, so darf jede Intervention, die im Interesse der Gesundheit der betroffenen Person medizinisch unerläßlich ist, umgehend erfolgen.

Artikel 9 – Zu einem früheren Zeitpunkt geäußerte Wünsche

Kann ein Patient im Zeitpunkt der medizinischen Intervention seinen Willen nicht äußern, so sind die Wünsche zu berücksichtigen, die er früher im Hinblick auf eine solche Intervention geäußert hat.

Kapitel III – Privatsphäre und Recht auf Auskunft

Artikel 10 - Privatsphäre und Recht auf Auskunft

(1) Jede Person hat das Recht auf Wahrung der Privatsphäre in bezug auf Angaben über ihre Gesundheit.

(2) Jede Person hat das Recht auf Auskunft in bezug auf alle über ihre Gesundheit gesammelten Angaben. Will eine Person jedoch keine Kenntnis erhalten, so ist dieser Wunsch zu respektieren.

(3) Die Rechtsordnung kann vorsehen, daß in Ausnahmefällen die Rechte nach Absatz 2 im Interesse des Patienten eingeschränkt werden können.

Kapitel IV – Menschliches Genom

Artikel 11 – Nichtdiskriminierung

Jede Form von Diskriminierung einer Person wegen ihres genetischen Erbes ist verboten.

Artikel 12 – Prädiktive genetische Untersuchungen

Untersuchungen, die es ermöglichen, genetisch bedingte Krankheiten vorherzusagen oder bei einer Person entweder das Vorhandensein eines für eine Krankheit verantwortlichen Gens festzustellen oder eine genetische Prädisposition oder Anfälligkeit für eine Krankheit zu erkennen, dürfen nur für Gesundheitszwecke oder für gesundheitsbezogene wissenschaftliche Forschung und nur unter der Voraussetzung einer angemessenen genetischen Beratung vorgenommen werden.

Artikel 13 – Interventionen in das menschliche Genom

Eine Intervention, die auf die Veränderung des menschlichen Genoms gerichtet ist, darf nur zu präventiven, diagnostischen oder therapeutischen Zwecken und nur dann vorgenommen werden, wenn sie nicht darauf abzielt, eine Veränderung des Genoms von Nachkommen herbeizuführen.

Artikel 14 – Verbot der Geschlechtswahl

Die Verfahren der medizinisch unterstützten Fortpflanzung dürfen nicht dazu verwendet werden, das Geschlecht des künftigen Kindes zu wählen, es sei denn, um eine schwere, geschlechtsgebundene erbliche Krankheit zu vermeiden.

Kapitel V – Wissenschaftliche Forschung

Artikel 15 – Allgemeine Regel

Vorbehaltlich dieses Übereinkommens und der sonstigen Rechtsvorschriften zum Schutz menschlichen Lebens ist wissenschaftliche Forschung im Bereich von Biologie und Medizin frei.

Artikel 16 – Schutz von Personen bei Forschungsvorhaben

Forschung an einer Person ist nur zulässig, wenn die folgenden Voraussetzungen erfüllt sind:
i) Es gibt keine Alternative von vergleichbarer Wirksamkeit zur Forschung am Menschen;
ii) die möglichen Risiken für die Person stehen nicht im Mißverhältnis zum möglichen Nutzen der Forschung;
iii) die zuständige Stelle hat das Forschungsvorhaben gebilligt, nachdem eine unabhängige Prüfung seinen wissenschaftlichen Wert einschließlich der Wichtigkeit des Forschungsziels bestätigt hat und eine interdisziplinäre Prüfung ergeben hat, daß es ethisch vertretbar ist;
iv) die Personen, die sich für ein Forschungsvorhaben zur Verfügung stellen, sind über ihre Rechte und die von der Rechtsordnung zu ihrem Schutz vorgesehenen Sicherheitsmaßnahmen unterrichtet worden, und
v) die nach Artikel 5 notwendige Einwilligung ist ausdrücklich und eigens für diesen Fall erteilt und urkundlich festgehalten worden. Diese Einwilligung kann jederzeit frei widerrufen werden.

Artikel 17 – Schutz einwilligungsunfähiger Personen bei Forschungsvorhaben

(1) Forschung an einer Person, die nicht fähig ist, die Einwilligung nach Artikel 5 zu erteilen, ist nur zulässig, wenn die folgenden Voraussetzungen erfüllt sind:
i) Die Voraussetzungen nach Artikel 16 Ziffern i bis iv sind erfüllt;
ii) die erwarteten Forschungsergebnisse sind für die Gesundheit der betroffenen Person von tatsächlichem und unmittelbarem Nutzen;
iii) Forschung von vergleichbarer Wirksamkeit ist an einwilligungsfähigen Personen nicht möglich;
iv) die nach Artikel 6 notwendige Einwilligung ist eigens für diesen Fall und schriftlich erteilt worden, und
v) die betroffene Person lehnt nicht ab.
(2) In Ausnahmefällen und nach Maßgabe der durch die Rechtsordnung vorgesehenen Schutzbestimmungen darf Forschung, deren erwartete Ergebnisse für die Gesundheit der betroffenen Person nicht von unmittelbarem Nutzen sind, zugelassen werden, wenn außer den Voraussetzungen nach Absatz 1 Ziffern i, iii, iv und v zusätzlich die folgenden Voraussetzungen erfüllt sind:

i) Die Forschung hat zum Ziel, durch eine wesentliche Erweiterung des wissenschaftlichen Verständnisses des Zustands, der Krankheit oder der Störung der Person letztlich zu Ergebnissen beizutragen, die der betroffenen Person selbst oder anderen Personen nützen können, welche derselben Altersgruppe angehören oder an derselben Krankheit oder Störung leiden oder sich in demselben Zustand befinden, und
ii) die Forschung bringt für die betroffene Person nur ein minimales Risiko und eine minimale Belastung mit sich.

Artikel 18 – Forschung an Embryonen in vitro

(1) Die Rechtsordnung hat einen angemessenen Schutz des Embryos zu gewährleisten, sofern sie Forschung an Embryonen in vitro zuläßt.
(2) Die Erzeugung menschlicher Embryonen zu Forschungszwecken ist verboten.

Kapitel VI – Entnahme von Organen und Gewebe von lebenden Spendern zu Transplantationszwecken

Artikel 19 – Allgemeine Regel

(1) Einer lebenden Person darf ein Organ oder Gewebe zu Transplantationszwecken nur zum therapeutischen Nutzen des Empfängers und nur dann entnommen werden, wenn weder ein geeignetes Organ oder Gewebe einer verstorbenen Person verfügbar ist noch eine alternative therapeutische Methode von vergleichbarer Wirksamkeit besteht.
(2) Die nach Artikel 5 notwendige Einwilligung muß ausdrücklich und eigens für diesen Fall entweder in schriftlicher Form oder vor einer amtlichen Stelle erteilt worden sein.

Artikel 20 – Schutz einwilligungsunfähiger Personen

(1) Einer Person, die nicht fähig ist, die Einwilligung nach Artikel 5 zu erteilen, dürfen weder Organe noch Gewebe entnommen werden.
(2) In Ausnahmefällen und nach Maßgabe der durch die Rechtsordnung vorgesehenen Schutzbestimmungen darf die Entnahme regenerierbaren Gewebes bei einer einwilligungsunfähigen Person zugelassen werden, wenn die folgenden Voraussetzungen erfüllt sind:
i) Ein geeigneter einwilligungsfähiger Spender steht nicht zur Verfügung;
ii) der Empfänger ist ein Bruder oder eine Schwester des Spenders;
iii) die Spende muß geeignet sein, das Leben des Empfängers zu retten;
iv) die Einwilligung nach Artikel 6 Absätze 2 und 3 ist eigens für diesen Fall und schriftlich in Übereinstimmung mit der Rechtsordnung und mit Billigung der zuständigen Stelle erteilt worden, und
v) der in Frage kommende Spender lehnt nicht ab.

Kapitel VII – Verbot finanziellen Gewinns; Verwendung eines Teils des menschlichen Körpers

Artikel 21 – Verbot finanziellen Gewinns

Der menschliche Körper und Teile davon dürfen als solche nicht zur Erzielung eines finanziellen Gewinns verwendet werden.

Artikel 22 – Verwendung eines dem menschlichen Körper entnommenen Teils
Wird bei einer Intervention ein Teil des menschlichen Körpers entnommen, so darf
er nur zu dem Zweck aufbewahrt und verwendet werden, zu dem er entnommen worden ist; jede andere Verwendung setzt angemessene Informations- und Einwilligungsverfahren voraus.

Kapitel VIII – Verletzung von Bestimmungen des Übereinkommens

Artikel 23 – Verletzung von Rechten oder Grundsätzen
Die Vertragsparteien gewährleisten einen geeigneten gerichtlichen Rechtsschutz, der
darauf abzielt, eine widerrechtliche Verletzung der in diesem Übereinkommen verankerten Rechte und Grundsätze innerhalb kurzer Frist zu verhindern oder zu beenden.

Artikel 24 – Schadenersatz
Hat eine Person durch eine Intervention in ungerechtfertigter Weise Schaden erlitten,
so hat sie Anspruch auf angemessenen Schadenersatz nach Maßgabe der durch die
Rechtsordnung vorgesehenen Voraussetzungen und Modalitäten.

Artikel 25 – Sanktionen
Die Vertragsparteien sehen angemessene Sanktionen für Verletzungen von Bestimmungen dieses Übereinkommens vor.

Kapitel IX – Verhältnis dieses Übereinkommens zu anderen Bestimmungen

Artikel 26 – Einschränkungen der Ausübung der Rechte
(1) Die Ausübung der in diesem Übereinkommen vorgesehenen Rechte und Schutzbestimmungen darf nur insoweit eingeschränkt werden, als diese Einschränkung durch
die Rechtsordnung vorgesehen ist und eine Maßnahme darstellt, die in einer demokratischen Gesellschaft für die öffentliche Sicherheit, zur Verhinderung von strafba-
ren Handlungen, zum Schutz der öffentlichen Gesundheit oder zum Schutz der Rechte und Freiheiten anderer notwendig ist.
(2) Die nach Absatz 1 möglichen Einschränkungen dürfen sich nicht auf die Artikel
11, 13, 14, 16, 17, 19, 20 und 21 beziehen.

Artikel 27 – Weiterreichender Schutz
Dieses Übereinkommen darf nicht so ausgelegt werden, als beschränke oder beein-
trächtige es die Möglichkeit einer Vertragspartei, im Hinblick auf die Anwendung von
Biologie und Medizin einen über dieses Übereinkommen hinausgehenden Schutz zu
gewähren.

Kapitel X – Öffentliche Diskussion

Artikel 28 – Öffentliche Diskussion
Die Vertragsparteien dieses Übereinkommens sorgen dafür, daß die durch die Entwicklungen in Biologie und Medizin aufgeworfenen Grundsatzfragen, insbesondere
in bezug auf ihre medizinischen, sozialen, wirtschaftlichen, ethischen und rechtlichen

Auswirkungen, öffentlich diskutiert werden und zu ihren möglichen Anwendungen angemessene Konsultationen stattfinden.

Kapitel XI – Auslegung des Übereinkommens und Folgemaßnahmen

Artikel 29 – Auslegung des Übereinkommens
Der Europäische Gerichtshof für Menschenrechte kann, ohne unmittelbare Bezugnahme auf ein bestimmtes, bei einem Gericht anhängiges Verfahren, Gutachten über Rechtsfragen betreffend die Auslegung dieses Übereinkommens erstatten, und zwar auf Antrag
- der Regierung einer Vertragspartei nach Unterrichtung der anderen Vertragsparteien,
- des nach Artikel 32 vorgesehenen und auf die Vertreter der Vertragsparteien beschränkten Ausschusses, wenn der Antrag mit Zweidrittelmehrheit der abgegebenen Stimmen beschlossen worden ist.

Artikel 30 – Berichte über die Anwendung des Übereinkommens
Nach Aufforderung durch den Generalsekretär des Europarats legt jede Vertragspartei dar, in welcher Weise ihr internes Recht die wirksame Anwendung der Bestimmungen dieses Übereinkommens gewährleistet.

Kapitel XII – Protokolle

Artikel 31 – Protokolle
Zur Weiterentwicklung der Grundsätze dieses Übereinkommens in einzelnen Bereichen können Protokolle nach Artikel 32 ausgearbeitet werden.
Die Protokolle liegen für die Unterzeichner dieses Übereinkommens zur Unterzeichnung auf. Sie bedürfen der Ratifikation, Annahme oder Genehmigung. Ein Unterzeichner kann die Protokolle ohne vorherige oder gleichzeitige Ratifikation, Annahme oder Genehmigung des Übereinkommens nicht ratifizieren, annehmen oder genehmigen.

Kapitel XIII – Änderungen des Übereinkommens

Artikel 32 – Änderungen des Übereinkommens
(1) Die Aufgaben, die dieser Artikel und Artikel 29 dem „Ausschuß" übertragen, werden vom Lenkungsausschuß für Bioethik (CDBI) oder von einem anderen vom Ministerkomitee hierzu bestimmten Ausschuß wahrgenommen.
(2) Nimmt der Ausschuß Aufgaben nach diesem Übereinkommen wahr, so kann, vorbehaltlich des Artikels 29, jeder Mitgliedstaat des Europarats sowie jede Vertragspartei dieses Übereinkommens, die nicht Mitglied des Europarats ist, im Ausschuß vertreten sein und über eine Stimme verfügen.
(3) Jeder in Artikel 33 bezeichnete oder nach Artikel 34 zum Beitritt zu diesem Übereinkommen eingeladene Staat, der nicht Vertragspartei des Übereinkommens ist, kann einen Beobachter in den Ausschuß entsenden. Ist die Europäische Gemeinschaft nicht Vertragspartei, so kann sie einen Beobachter in den Ausschuß entsenden.
(4) Damit wissenschaftlichen Entwicklungen Rechnung getragen werden kann, überprüft der Ausschuß dieses Übereinkommen spätestens fünf Jahre nach seinem Inkrafttreten und danach in den von ihm bestimmten Abständen.

(5) Jeder Vorschlag zur Änderung dieses Übereinkommens und jeder Vorschlag für ein Protokoll oder zur Änderung eines Protokolls, der von einer Vertragspartei, dem Ausschuß oder dem Ministerkomitee vorgelegt wird, ist dem Generalsekretär des Europarats zu übermitteln; dieser leitet ihn an die Mitgliedstaaten des Europarats, die Europäische Gemeinschaft, jeden Unterzeichner, jede Vertragspartei, jeden nach Artikel 33 zur Unterzeichnung eingeladenen Staat und jeden nach Artikel 34 zum Beitritt eingeladenen Staat weiter.

(6) Der Ausschuß prüft den Vorschlag frühestens zwei Monate nach dem Zeitpunkt, zu dem der Generalsekretär ihn nach Absatz 5 weitergeleitet hat. Der Ausschuß unterbreitet den mit Zweidrittelmehrheit der abgegebenen Stimmen angenommenen Text dem Ministerkomitee zur Genehmigung. Nach seiner Genehmigung wird dieser Text den Vertragsparteien dieses Übereinkommens zur Ratifikation, Annahme oder Genehmigung zugeleitet.

(7) Jede Änderung tritt für die Vertragsparteien, die sie angenommen haben, am ersten Tag des Monats in Kraft, der auf einen Zeitabschnitt von einem Monat nach dem Tag folgt, an dem fünf Vertragsparteien, darunter mindestens vier Mitgliedstaaten des Europarats, dem Generalsekretär ihre Annahme der Änderung mitgeteilt haben. Für jede Vertragspartei, welche die Änderung später annimmt, tritt sie am ersten Tag des Monats in Kraft, der auf einen Zeitabschnitt von einem Monat nach dem Tag folgt, an dem die betreffende Vertragspartei dem Generalsekretär ihre Annahme der Änderung mitgeteilt hat.

Kapitel XIV – Schlußbestimmungen

Artikel 33 – Unterzeichnung, Ratifikation und Inkrafttreten

(1) Dieses Übereinkommen liegt für die Mitgliedstaaten des Europarats, für die Nichtmitgliedstaaten, die an seiner Ausarbeitung beteiligt waren, und für die Europäische Gemeinschaft zur Unterzeichnung auf.

(2) Dieses Übereinkommen bedarf der Ratifikation, Annahme oder Genehmigung. Die Ratifikations-, Annahme- oder Genehmigungsurkunden werden beim Generalsekretär des Europarats hinterlegt.

(3) Dieses Übereinkommen tritt am ersten Tag des Monats in Kraft, der auf einen Zeitabschnitt von drei Monaten nach dem Tag folgt, an dem fünf Staaten, darunter mindestens vier Mitgliedstaaten des Europarats, nach Absatz 2 ihre Zustimmung ausgedrückt haben, durch das Übereinkommen gebunden zu sein.

(4) Für jeden Unterzeichner, der später seine Zustimmung ausdrückt, durch dieses Übereinkommen gebunden zu sein, tritt es am ersten Tag des Monats in Kraft, der auf einen Zeitabschnitt von drei Monaten nach Hinterlegung seiner Ratifikations-, Annahme- oder Genehmigungsurkunde folgt.

Artikel 34 – Nichtmitgliedstaaten

(1) Nach Inkrafttreten dieses Übereinkommens kann das Ministerkomitee des Europarats nach Konsultation mit den Vertragsparteien durch einen Beschluß, der mit der in Artikel 20 Buchstabe d der Satzung des Europarats vorgesehenen Mehrheit und mit einhelliger Zustimmung der Vertreter der Vertragsparteien, die Anspruch auf einen Sitz im Ministerkomitee haben, gefaßt worden ist, jeden Nichtmitgliedstaat des Europarats einladen, dem Übereinkommen beizutreten.

(2) Für jeden beitretenden Staat tritt dieses Übereinkommen am ersten Tag des Mo-

nats in Kraft, der auf einen Zeitabschnitt von drei Monaten nach Hinterlegung der Beitrittsurkunde beim Generalsekretär des Europarats folgt.

Artikel 35 – Hoheitsgebiete

(1) Jeder Unterzeichner kann bei der Unterzeichnung oder bei der Hinterlegung seiner Ratifikations-, Annahme- oder Genehmigungsurkunde ein Hoheitsgebiet oder mehrere Hoheitsgebiete bezeichnen, auf die dieses Übereinkommen Anwendung findet. Jeder andere Staat kann bei der Hinterlegung seiner Beitrittsurkunde dieselbe Erklärung abgeben.

(2) Jede Vertragspartei kann jederzeit danach durch eine an den Generalsekretär des Europarats gerichtete Erklärung die Anwendung dieses Übereinkommens auf jedes weitere in der Erklärung bezeichnete Hoheitsgebiet erstrecken, für dessen internationale Beziehungen sie verantwortlich ist oder für die sie befugt ist, Verpflichtungen einzugehen. Das Übereinkommen tritt für dieses Hoheitsgebiet am ersten Tag des Monats in Kraft, der auf einen Zeitabschnitt von drei Monaten nach Eingang der Erklärung beim Generalsekretär folgt.

(3) Jede nach den Absätzen 1 und 2 abgegebene Erklärung kann in bezug auf jedes darin bezeichnete Hoheitsgebiet durch eine an den Generalsekretär gerichtete Notifikation zurückgenommen werden. Die Rücknahme wird am ersten Tag des Monats wirksam, der auf einen Zeitabschnitt von drei Monaten nach Eingang der Notifikation beim Generalsekretär folgt.

Artikel 36 – Vorbehalte

(1) Jeder Staat und die Europäische Gemeinschaft können bei der Unterzeichnung dieses Übereinkommens oder bei der Hinterlegung der Ratifikationsurkunde bezüglich bestimmter Vorschriften des Übereinkommens einen Vorbehalt machen, soweit das zu dieser Zeit in ihrem Gebiet geltende Recht nicht mit der betreffenden Vorschrift übereinstimmt. Vorbehalte allgemeiner Art sind nach diesem Artikel nicht zulässig.

(2) Jeder nach diesem Artikel gemachte Vorbehalt muß mit einer kurzen Darstellung des betreffenden Rechts verbunden sein.

(3) Jede Vertragspartei, welche die Anwendung dieses Übereinkommens auf ein in der in Artikel 35 Absatz 2 aufgeführten Erklärung erwähntes Hoheitsgebiet erstreckt, kann in bezug auf das betreffende Hoheitsgebiet einen Vorbehalt nach den Absätzen 1 und 2 machen.

(4) Jede Vertragspartei, die einen Vorbehalt nach diesem Artikel gemacht hat, kann ihn durch eine an den Generalsekretär des Europarats gerichtete Erklärung zurükknehmen. Die Rücknahme wird am ersten Tag des Monats wirksam, der auf einen Zeitabschnitt von einem Monat nach dem Eingang beim Generalsekretär folgt.

Artikel 37 – Kündigung

(1) Jede Vertragspartei kann dieses Übereinkommen jederzeit durch eine an den Generalsekretär des Europarats gerichtete Notifikation kündigen.

(2) Die Kündigung wird am ersten Tag des Monats wirksam, der auf einen Zeitabschnitt von drei Monaten nach Eingang der Notifikation beim Generalsekretär folgt.

Artikel 38 – Notifikationen

Der Generalsekretär des Europarats notifiziert den Mitgliedstaaten des Rates, der Europäischen Gemeinschaft, jedem Unterzeichner, jeder Vertragspartei und jedem anderen Staat, der zum Beitritt zu diesem Übereinkommen eingeladen worden ist,

a) jede Unterzeichnung;

b) jede Hinterlegung einer Ratifikations-, Annahme-, Genehmigungs- oder Beitrittsurkunde;
c) jeden Zeitpunkt des Inkrafttretens dieses Übereinkommens nach Artikel 33 oder
34;
d) jede Änderung und jedes Protokoll, die nach Artikel 32 angenommen worden sind,
sowie das Datum des Inkrafttretens der Änderung oder des Protokolls;
e) jede nach Artikel 35 abgegebene Erklärung;
f) jeden Vorbehalt und jede Rücknahme des Vorbehalts nach Artikel 36;
g) jede andere Handlung, Notifikation oder Mitteilung im Zusammenhang mit diesem Übereinkommen.
Zu Urkund dessen haben die hierzu gehörig befugten Unterzeichneten dieses Übereinkommen unterschrieben. Geschehen zu Oviedo (Asturien) am 4. April 1997 in eng-
lischer und französischer Sprache, wobei jeder Wortlaut gleichermaßen verbindlich
ist, in einer Urschrift, die im Archiv des Europarats hinterlegt wird. Der Generalsekretär des Europarats übermittelt allen Mitgliedstaaten des Europarats, der Europäischen Gemeinschaft, den Nichtmitgliedstaaten, die an der Ausarbeitung dieses Übereinkommens beteiligt waren, und allen zum Beitritt zu diesem Übereinkommen eingeladenen Staaten beglaubigte Abschriften.

Additional Protocol to the Convention for the Protection of Human Rights and Dignity of the Human Being with regard to the Application of Biology and Medicine, on the Prohibition of Cloning Human Beings, Paris, 12.1.1998

The member States of the Council of Europe, the other States and the European Community Signatories to this Additional Protocol to the <u>Convention for the Protection of Human Rights and Dignity of the Human Being with regard to the Application of Biology and Medicine</u>,

Noting scientific developments in the field of mammal cloning, particularly through embryo splitting and nuclear transfer;
Mindful of the progress that some cloning techniques themselves may bring to scientific knowledge and its medical application;
Considering that the cloning of human beings may become a technical possibility;
Having noted that embryo splitting may occur naturally and sometimes result in the birth of genetically identical twins;
Considering however that the instrumentalisation of human beings through the deliberate creation of genetically identical human beings is contrary to human dignity and thus constitutes a misuse of biology and medicine;
Considering also the serious difficulties of a medical, psychological and social nature that such a deliberate biomedical practice might imply for all the individuals involved;
Considering the purpose of the Convention on Human Rights and Biomedicine, in particular the principle mentioned in Article 1 aiming to protect the dignity and identity of all human beings,
Have agreed as follows:

Article 1
Any intervention seeking to create a human being genetically identical to another human being, whether living or dead, is prohibited. For the purpose of this article, the term human being "genetically identical"1 to another human being means a human being sharing with another the same nuclear gene set.

Article 2
No derogation from the provisions of this Protocol shall be made under Article 26, paragraph 1, of the Convention.

Article 3
As between the Parties, the provisions of Articles 1 and 2 of this Protocol shall be regarded as additional articles to the Convention and all the provisions of the Convention shall apply accordingly.

Article 4

This Protocol shall be open for signature by Signatories to the Convention. It is subject to ratification, acceptance or approval. A Signatory may not ratify, accept or approve this Protocol unless it has previously or simultaneously ratified, accepted or approved the Convention. Instruments of ratification, acceptance or approval shall be deposited with the Secretary General of the Council of Europe.

Article 5

This Protocol shall enter into force on the first day of the month following the expiration of a period of three months after the date on which five States, including at least four member States of the Council of Europe, have expressed their consent to be bound by the Protocol in accordance with the provisions of Article 4. In respect of any Signatory which subsequently expresses its consent to be bound by it, the Protocol shall enter into force on the first day of the month following the expiration of a period of three months after the date of the deposit of the instrument of ratification, acceptance or approval.

Article 6

After the entry into force of this Protocol, any State which has acceded to the Convention may also accede to this Protocol. Accession shall be effected by the deposit with the Secretary General of the Council of Europe of an instrument of accession which shall take effect on the first day of the month following the expiration of a period of three months after the date of its deposit.

Article 7

Any Party may at any time denounce this Protocol by means of a notification addressed to the Secretary General of the Council of Europe. Such denunciation shall become effective on the first day of the month following the expiration of a period of three months after the date of receipt of such notification by the Secretary General.

Article 8

The Secretary General of the Council of Europe shall notify the member States of the Council of Europe, the European Community, any Signatory, any Party and any other State which has been invited to accede to the Convention of: any signature; the deposit of any instrument of ratification, acceptance, approval or accession; any date of entry into force of this Protocol in accordance with Articles 5 and 6; any other act, notification or communication relating to this Protocol. In witness whereof the undersigned, being duly authorised thereto, have signed this Protocol. Done at Paris, this twelfth day of January 1998, in English and in French, both texts being equally authentic, in a single copy which shall be deposited in the archives of the Council of Europe. The Secretary General of the Council of Europe shall transmit certified copies to each member State of the Council of Europe, to the non-member States which have participated in the elaboration of this Protocol, to any State invited to accede to the Convention and to the European Community.

Richtlinie 98/44/EG des Europäischen Parlaments und des Rates vom 6. Juli 1998 über den rechtlichen Schutz biotechnologischer Erfindungen

DAS EUROPÄISCHE PARLAMENT UND DER RAT DER EUROPÄISCHEN UNION –

gestützt auf den Vertrag zur Gründung der Europäischen Gemeinschaft, insbesondere auf Artikel 100 a, auf Vorschlag der Kommission (1), nach Stellungnahme des Wirtschafts- und Sozialausschusses (2) gemäß dem Verfahren des Artikels 189 b des Vertrags (3), in Erwägung nachstehender Gründe:

(1) Biotechnologie und Gentechnik spielen in den verschiedenen Industriezweigen eine immer wichtigere Rolle, und dem Schutz biotechnologischer Erfindungen kommt grundlegende Bedeutung für die industrielle Entwicklung der Gemeinschaft zu.

(2) Die erforderlichen Investitionen zur Forschung und Entwicklung sind insbesondere im Bereich der Gentechnik hoch und risikoreich und können nur bei angemessenem Rechtsschutz rentabel sein.

(3) Ein wirksamer und harmonisierter Schutz in allen Mitgliedstaaten ist wesentliche Voraussetzung dafür, daß Investitionen auf dem Gebiet der Biotechnologie fortgeführt und gefördert werden.

(4) Nach der Ablehnung des vom Vermittlungsausschuß gebilligten gemeinsamen Entwurfs einer Richtlinie des Europäischen Parlaments und des Rates über den rechtlichen Schutz biotechnologischer Erfindungen (4) durch das Europäische Parlament haben das Europäische Parlament und der Rat festgestellt, daß die Lage auf dem Gebiet des Rechtsschutzes biotechnologischer Erfindungen der Klärung bedarf.

(5) In den Rechtsvorschriften und Praktiken der verschiedenen Mitgliedstaaten auf dem Gebiet des Schutzes biotechnologischer Erfindungen bestehen Unterschiede, die zu Handelsschranken führen und so das Funktionieren des Binnenmarkts behindern können.

(6) Diese Unterschiede könnten sich dadurch noch vergrößern, daß die Mitgliedstaaten neue und unterschiedliche Rechtsvorschriften und Verwaltungspraktiken einführen oder daß die Rechtsprechung der einzelnen Mitgliedstaaten sich unterschiedlich entwickelt.

(7) Eine uneinheitliche Entwicklung der Rechtsvorschriften zum Schutz biotechnologischer Erfindungen in der Gemeinschaft könnte zusätzliche ungünstige Auswirkungen auf den Handel haben und damit zu Nachteilen bei der industriellen Entwicklung der betreffenden Erfindungen sowie zur Beeinträchtigung des reibungslosen Funktionierens des Binnenmarkts führen.

(8) Der rechtliche Schutz biotechnologischer Erfindungen erfordert nicht die Einführung eines besonderen Rechts, das an die Stelle des nationalen Patentrechts tritt. Das nationale Patentrecht ist auch weiterhin die wesentliche Grundlage für den Rechtsschutz biotechnologischer Erfindungen; es muß jedoch in bestimmten Punkten angepaßt oder ergänzt werden, um der Entwicklung der Technologie, die biologisches Material benutzt, aber gleichwohl die Voraussetzungen für die Patentierbarkeit erfüllt, angemessen Rechnung zu tragen.

(9) In bestimmten Fällen, wie beim Ausschluß von Pflanzensorten, Tierrassen und von im wesentlichen biologischen Verfahren für die Züchtung von Pflanzen und Tieren

von der Patentierbarkeit, haben bestimmte Formulierungen in den einzelstaatlichen Rechtsvorschriften, die sich auf internationale Übereinkommen zum Patent- und Sortenschutz stützen, in bezug auf den Schutz biotechnologischer und bestimmter mikrobiologischer Erfindungen für Unsicherheit gesorgt. Hier ist eine Harmonisierung notwendig, um diese Unsicherheit zu beseitigen.

(10) Das Entwicklungspotential der Biotechnologie für die Umwelt und insbesondere ihr Nutzen für die Entwicklung weniger verunreinigender und den Boden weniger beanspruchender Ackerbaumethoden sind zu berücksichtigen. Die Erforschung solcher Verfahren und deren Anwendung sollte mittels des Patentsystems gefördert werden.

(11) Die Entwicklung der Biotechnologie ist für die Entwicklungsländer sowohl im Gesundheitswesen und bei der Bekämpfung großer Epidemien und Endemien als auch bei der Bekämpfung des Hungers in der Welt von Bedeutung. Die Forschung in diesen Bereichen sollte ebenfalls mittels des Patentsystems gefördert werden. Außerdem sollten internationale Mechanismen zur Verbreitung der entsprechenden Technologien in der Dritten Welt zum Nutzen der betroffenen Bevölkerung in Gang gesetzt werden.

(12) Das Übereinkommen über handelsbezogene Aspekte der Rechte des geistigen Eigentums (TRIPS-Übereinkommen) (1), das die Europäische Gemeinschaft und ihre Mitgliedstaaten unterzeichnet haben, ist inzwischen in Kraft getreten; es sieht vor, daß der Patentschutz für Produkte und Verfahren in allen Bereichen der Technologie zu gewährleisten ist.

(13) Der Rechtsrahmen der Gemeinschaft zum Schutz biotechnologischer Erfindungen kann sich auf die Festlegung bestimmter Grundsätze für die Patentierbarkeit biologischen Materials an sich beschränken; diese Grundsätze bezwecken im wesentlichen, den Unterschied zwischen Erfindungen und Entdeckungen hinsichtlich der Patentierbarkeit bestimmter Bestandteile menschlichen Ursprungs herauszuarbeiten. Der Rechtsrahmen kann sich ferner beschränken auf den Umfang des Patentschutzes biotechnologischer Erfindungen, auf die Möglichkeit, zusätzlich zur schriftlichen Beschreibung einen Hinterlegungsmechanismus vorzusehen, sowie auf die Möglichkeit der Erteilung einer nicht ausschließlichen Zwangslizenz bei Abhängigkeit zwischen Pflanzensorten und Erfindungen (und umgekehrt).

(14) Ein Patent berechtigt seinen Inhaber nicht, die Erfindung anzuwenden, sondern verleiht ihm lediglich das Recht, Dritten deren Verwertung zu industriellen und gewerblichen Zwecken zu untersagen. Infolgedessen kann das Patentrecht die nationalen, europäischen oder internationalen Rechtsvorschriften zur Festlegung von Beschränkungen oder Verboten oder zur Kontrolle der Forschung und der Anwendung oder Vermarktung ihrer Ergebnisse weder ersetzen noch überflüssig machen, insbesondere was die Erfordernisse der Volksgesundheit, der Sicherheit, des Umweltschutzes, des Tierschutzes, der Erhaltung der genetischen Vielfalt und die Beachtung bestimmter ethischer Normen betrifft.

(15) Es gibt im einzelstaatlichen oder europäischen Patentrecht (Münchener Übereinkommen) keine Verbote oder Ausnahmen, die eine Patentierbarkeit von lebendem Material grundsätzlich ausschließen.

(16) Das Patentrecht muß unter Wahrung der Grundprinzipien ausgeübt werden, die die Würde und die Unversehrtheit des Menschen gewährleisten. Es ist wichtig, den Grundsatz zu bekräftigen, wonach der menschliche Körper in allen Phasen seiner Entstehung und Entwicklung, einschließlich der Keimzellen, sowie die bloße Entdeckung eines seiner Bestandteile oder seiner Produkte, einschließlich der Sequenz oder Teilsequenz eines menschlichen Gens, nicht patentierbar sind. Diese Prinzipien stehen

im Einklang mit den im Patentrecht vorgesehenen Patentierbarkeitskriterien, wonach eine bloße Entdeckung nicht Gegenstand eines Patents sein kann.

(17) Mit Arzneimitteln, die aus isolierten Bestandteilen des menschlichen Körpers gewonnen und/oder auf andere Weise hergestellt werden, konnten bereits entscheidende Fortschritte bei der Behandlung von Krankheiten erzielt werden. Diese Arzneimittel sind das Ergebnis technischer Verfahren zur Herstellung von Bestandteilen mit einem ähnlichen Aufbau wie die im menschlichen Körper vorhandenen natürlichen Bestandteile; es empfiehlt sich deshalb, mit Hilfe des Patentsystems die Forschung mit dem Ziel der Gewinnung und Isolierung solcher für die Arzneimittelherstellung wertvoller Bestandteile zu fördern.

(18) Soweit sich das Patentsystem als unzureichend erweist, um die Forschung und die Herstellung von biotechnologischen Arzneimitteln, die zur Bekämpfung seltener Krankheiten („Orphan-"Krankheiten) benötigt werden, zu fördern, sind die Gemeinschaft und die Mitgliedstaaten verpflichtet, einen angemessenen Beitrag zur Lösung dieses Problems zu leisten.

(19) Die Stellungnahme Nr. 8 der Sachverständigengruppe der Europäischen Kommission für Ethik in der Biotechnologie ist berücksichtigt worden.

(20) Infolgedessen ist darauf hinzuweisen, daß eine Erfindung, die einen isolierten Bestandteil des menschlichen Körpers oder einen auf eine andere Weise durch ein technisches Verfahren erzeugten Bestandteil betrifft und gewerblich anwendbar ist, nicht von der Patentierbarkeit ausgeschlossen ist, selbst wenn der Aufbau dieses Bestandteils mit dem eines natürlichen Bestandteils identisch ist, wobei sich die Rechte aus dem Patent nicht auf den menschlichen Körper und dessen Bestandteile in seiner natürlichen Umgebung erstrecken können.

(21) Ein solcher isolierter oder auf andere Weise erzeugter Bestandteil des menschlichen Körpers ist von der Patentierbarkeit nicht ausgeschlossen, da er – zum Beispiel – das Ergebnis technischer Verfahren zu seiner Identifizierung, Reinigung, Bestimmung und Vermehrung außerhalb des menschlichen Körpers ist, zu deren Anwendung nur der Mensch fähig ist und die die Natur selbst nicht vollbringen kann.

(22) Die Diskussion über die Patentierbarkeit von Sequenzen oder Teilsequenzen von Genen wird kontrovers geführt. Die Erteilung eines Patents für Erfindungen, die solche Sequenzen oder Teilsequenzen zum Gegenstand haben, unterliegt nach dieser Richtlinie denselben Patentierbarkeitskriterien der Neuheit, erfinderischen Tätigkeit und gewerblichen Anwendbarkeit wie alle anderen Bereiche der Technologie. Die gewerbliche Anwendbarkeit einer Sequenz oder Teilsequenz muß in der eingereichten Patentanmeldung konkret beschrieben sein.

(23) Ein einfacher DNA-Abschnitt ohne Angabe einer Funktion enthält keine Lehre zum technischen Handeln und stellt deshalb keine patentierbare Erfindung dar.

(24) Das Kriterium der gewerblichen Anwendbarkeit setzt voraus, daß im Fall der Verwendung einer Sequenz oder Teilsequenz eines Gens zur Herstellung eines Proteins oder Teilproteins angegeben wird, welches Protein oder Teilprotein hergestellt wird und welche Funktion es hat.

(25) Zur Auslegung der durch ein Patent erteilten Rechte wird in dem Fall, daß sich Sequenzen lediglich in für die Erfindung nicht wesentlichen Abschnitten überlagern, patentrechtlich jede Sequenz als selbständige Sequenz angesehen.

(26) Hat eine Erfindung biologisches Material menschlichen Ursprungs zum Gegenstand oder wird dabei derartiges Material verwendet, so muß bei einer Patentanmeldung die Person, bei der Entnahmen vorgenommen werden, die Gelegenheit erhalten haben, gemäß den innerstaatlichen Rechtsvorschriften nach Inkenntnissetzung und freiwillig der Entnahme zuzustimmen.

(27) Hat eine Erfindung biologisches Material pflanzlichen oder tierischen Ursprungs zum Gegenstand oder wird dabei derartiges Material verwendet, so sollte die Patentanmeldung gegebenenfalls Angaben zum geographischen Herkunftsort dieses Materials umfassen, falls dieser bekannt ist. Die Prüfung der Patentanmeldungen und die Gültigkeit der Rechte aufgrund der erteilten Patente bleiben hiervon unberührt.

(28) Diese Richtlinie berührt in keiner Weise die Grundlagen des geltenden Patentrechts, wonach ein Patent für jede neue Anwendung eines bereits patentierten Erzeugnisses erteilt werden kann.

(29) Diese Richtlinie berührt nicht den Ausschluß von Pflanzensorten und Tierrassen von der Patentierbarkeit. Erfindungen, deren Gegenstand Pflanzen oder Tiere sind, sind jedoch patentierbar, wenn die Anwendung der Erfindung technisch nicht auf eine Pflanzensorte oder Tierrasse beschränkt ist.

(30) Der Begriff der Pflanzensorte wird durch das Sortenschutzrecht definiert. Danach wird eine Sorte durch ihr gesamtes Genom geprägt und besitzt deshalb Individualität. Sie ist von anderen Sorten deutlich unterscheidbar.

(31) Eine Pflanzengesamtheit, die durch ein bestimmtes Gen (und nicht durch ihr gesamtes Genom) gekennzeichnet ist, unterliegt nicht dem Sortenschutz. Sie ist deshalb von der Patentierbarkeit nicht ausgeschlossen, auch wenn sie Pflanzensorten umfaßt.

(32) Besteht eine Erfindung lediglich darin, daß eine bestimmte Pflanzensorte genetisch verändert wird, und wird dabei eine neue Pflanzensorte gewonnen, so bleibt diese Erfindung selbst dann von der Patentierbarkeit ausgeschlossen, wenn die genetische Veränderung nicht das Ergebnis eines im wesentlichen biologischen, sondern eines biotechnologischen Verfahrens ist.

(33) Für die Zwecke dieser Richtlinie ist festzulegen, wann ein Verfahren zur Züchtung von Pflanzen und Tieren im wesentlichen biologisch ist.

(34) Die Begriffe „Erfindung" und „Entdeckung", wie sie durch das einzelstaatliche, europäische oder internationale Patentrecht definiert sind, bleiben von dieser Richtlinie unberührt.

(35) Diese Richtlinie berührt nicht die Vorschriften des nationalen Patentrechts, wonach Verfahren zur chirurgischen oder therapeutischen Behandlung des menschlichen oder tierischen Körpers und Diagnostizierverfahren, die am menschlichen oder tierischen Körper vorgenommen werden, von der Patentierbarkeit ausgeschlossen sind.

(36) Das TRIPS-Übereinkommen räumt den Mitgliedern der Welthandelsorganisation die Möglichkeit ein, Erfindungen von der Patentierbarkeit auszuschließen, wenn die Verhinderung ihrer gewerblichen Verwertung in ihrem Hoheitsgebiet zum Schutz der öffentlichen Ordnung oder der guten Sitten einschließlich des Schutzes des Lebens und der Gesundheit von Menschen, Tieren oder Pflanzen oder zur Vermeidung einer ernsten Schädigung der Umwelt notwendig ist, vorausgesetzt, daß ein solcher Ausschluß nicht nur deshalb vorgenommen wird, weil die Verwertung durch innerstaatliches Recht verboten ist.

(37) Der Grundsatz, wonach Erfindungen, deren gewerbliche Verwertung gegen die öffentliche Ordnung oder die guten Sitten verstoßen würde, von der Patentierbarkeit auszuschließen sind, ist auch in dieser Richtlinie hervorzuheben.

(38) Ferner ist es wichtig, in die Vorschriften der vorliegenden Richtlinie eine informatorische Aufzählung der von der Patentierbarkeit ausgenommenen Erfindungen aufzunehmen, um so den nationalen Gerichten und Patentämtern allgemeine Leitlinien für die Auslegung der Bezugnahme auf die öffentliche Ordnung oder die guten Sitten zu geben. Diese Aufzählung ist selbstverständlich nicht erschöpfend. Verfahren, deren Anwendung gegen die Menschenwürde verstößt, wie etwa Verfahren zur Herstellung von hybriden Lebewesen, die aus Keimzellen oder totipotenten Zel-

len von Mensch und Tier entstehen, sind natürlich ebenfalls von der Patentierbarkeit auszunehmen.

(39) Die öffentliche Ordnung und die guten Sitten entsprechen insbesondere den in den Mitgliedstaaten anerkannten ethischen oder moralischen Grundsätzen, deren Beachtung ganz besonders auf dem Gebiet der Biotechnologie wegen der potentiellen Tragweite der Erfindungen in diesem Bereich und deren inhärenter Beziehung zur lebenden Materie geboten ist. Diese ethischen oder moralischen Grundsätze ergänzen die übliche patentrechtliche Prüfung, unabhängig vom technischen Gebiet der Erfindung.

(40) Innerhalb der Gemeinschaft besteht Übereinstimmung darüber, daß die Keimbahnintervention am menschlichen Lebewesen und das Klonen von menschlichen Lebewesen gegen die öffentliche Ordnung und die guten Sitten verstoßen. Daher ist es wichtig, Verfahren zur Veränderung der genetischen Identität der Keimbahn des menschlichen Lebewesens und Verfahren zum Klonen von menschlichen Lebewesen unmißverständlich von der Patentierbarkeit auszuschließen.

(41) Als Verfahren zum Klonen von menschlichen Lebewesen ist jedes Verfahren, einschließlich der Verfahren zur Embryonenspaltung, anzusehen, das darauf abzielt, ein menschliches Lebewesen zu schaffen, das im Zellkern die gleiche Erbinformation wie ein anderes lebendes oder verstorbenes menschliches Lebewesen besitzt.

(42) Ferner ist auch die Verwendung von menschlichen Embryonen zu industriellen oder kommerziellen Zwecken von der Patentierbarkeit auszuschließen. Dies gilt jedoch auf keinen Fall für Erfindungen, die therapeutische oder diagnostische Zwecke verfolgen und auf den menschlichen Embryo zu dessen Nutzen angewandt werden.

(43) Nach Artikel F Absatz 2 des Vertrags über die Europäische Union achtet die Union die Grundrechte, wie sie in der am 4. November 1950 in Rom unterzeichneten Europäischen Konvention zum Schutze der Menschenrechte und Grundfreiheiten gewährleistet sind und wie sie sich aus den gemeinsamen Verfassungsüberlieferungen der Mitgliedstaaten als allgemeine Grundsätze des Gemeinschaftsrechts ergeben.

(44) Die Europäische Gruppe für Ethik der Naturwissenschaften und der Neuen Technologien der Kommission bewertet alle ethischen Aspekte im Zusammenhang mit der Biotechnologie. In diesem Zusammenhang ist darauf hinzuweisen, daß die Befassung dieser Gruppe auch im Bereich des Patentrechts nur die Bewertung der Biotechnologie anhand grundlegender ethischer Prinzipien zum Gegenstand haben kann.

(45) Verfahren zur Veränderung der genetischen Identität von Tieren, die geeignet sind, für die Tiere Leiden ohne wesentlichen medizinischen Nutzen im Bereich der Forschung, der Vorbeugung, der Diagnose oder der Therapie für den Menschen oder das Tier zu verursachen, sowie mit Hilfe dieser Verfahren erzeugte Tiere sind von der Patentierbarkeit auszunehmen.

(46) Die Funktion eines Patents besteht darin, den Erfinder mit einem ausschließlichen, aber zeitlich begrenzten Nutzungsrecht für seine innovative Leistung zu belohnen und damit einen Anreiz für erfinderische Tätigkeit zu schaffen; der Patentinhaber muß demnach berechtigt sein, die Verwendung patentierten selbstreplizierenden Materials unter solchen Umständen zu verbieten, die den Umständen gleichstehen, unter denen die Verwendung nicht selbstreplizierenden Materials verboten werden könnte, d. h. die Herstellung des patentierten Erzeugnisses selbst.

(47) Es ist notwendig, eine erste Ausnahme von den Rechten des Patentinhabers vorzusehen, wenn Vermehrungsmaterial, in das die geschützte Erfindung Eingang gefunden hat, vom Patentinhaber oder mit seiner Zustimmung zum landwirtschaftlichen Anbau an einen Landwirt verkauft wird. Mit dieser Ausnahmeregelung soll dem Landwirt gestattet werden, sein Erntegut für spätere generative oder vegetative Vermeh-

rung in seinem eigenen Betrieb zu verwenden. Das Ausmaß und die Modalitäten dieser Ausnahmeregelung sind auf das Ausmaß und die Bedingungen zu beschränken, die in der Verordnung (EG) Nr. 2100/94 des Rates vom 27. Juli 1994 über den gemeinschaftlichen Sortenschutz vorgesehen sind.

(48) Von dem Landwirt kann nur die Vergütung verlangt werden, die im gemeinschaftlichen Sortenschutzrecht im Rahmen einer Durchführungsbestimmung zu der Ausnahme vom gemeinschaftlichen Sortenschutzrecht festgelegt ist.

(49) Der Patentinhaber kann jedoch seine Rechte gegenüber dem Landwirt geltend machen, der die Ausnahme mißbräuchlich nutzt, oder gegenüber dem Züchter, der die Pflanzensorte, in welche die geschützte Erfindung Eingang gefunden hat, entwickelt hat, falls dieser seinen Verpflichtungen nicht nachkommt.

(50) Eine zweite Ausnahme von den Rechten des Patentinhabers ist vorzusehen, um es Landwirten zu ermöglichen, geschütztes Vieh zu landwirtschaftlichen Zwecken zu benutzen.

(51) Mangels gemeinschaftsrechtlicher Bestimmungen für die Züchtung von Tierrassen müssen der Umfang und die Modalitäten dieser zweiten Ausnahmeregelung durch die nationalen Gesetze, Rechts- und Verwaltungsvorschriften und Verfahrensweisen geregelt werden.

(52) Für den Bereich der Nutzung der auf gentechnischem Wege erzielten neuen Merkmale von Pflanzensorten muß in Form einer Zwangslizenz gegen eine Vergütung ein garantierter Zugang vorgesehen werden, wenn die Pflanzensorte in bezug auf die betreffende Gattung oder Art einen bedeutenden technischen Fortschritt von erheblichem wirtschaftlichem Interesse gegenüber der patentgeschützten Erfindung darstellt.

(53) Für den Bereich der gentechnischen Nutzung neuer, aus neuen Pflanzensorten hervorgegangener pflanzlicher Merkmale muß in Form einer Zwangslizenz gegen eine Vergütung ein garantierter Zugang vorgesehen werden, wenn die Erfindung einen bedeutenden technischen Fortschritt von erheblichem wirtschaftlichem Interesse darstellt.

(54) Artikel 34 des TRIPS-Übereinkommens enthält eine detaillierte Regelung der Beweislast, die für alle Mitgliedstaaten verbindlich ist. Deshalb ist eine diesbezügliche Bestimmung in dieser Richtlinie nicht erforderlich.

(55) Die Gemeinschaft ist gemäß dem Beschluß 93/626/EWG (2) Vertragspartei des Übereinkommens über die biologische Vielfalt vom 5. Juni 1992. Im Hinblick darauf tragen die Mitgliedstaaten bei Erlaß der Rechts- und Verwaltungsvorschriften zur Umsetzung dieser Richtlinie insbesondere Artikel 3, Artikel 8 Buchstabe j), Artikel 16 Absatz 2 Satz 2 und Absatz 5 des genannten Übereinkommens Rechnung.

(56) Die dritte Konferenz der Vertragsstaaten des Übereinkommens über die biologische Vielfalt, die im November 1996 stattfand, stellte im Beschluß III/ 17 fest, daß weitere Arbeiten notwendig sind, um zu einer gemeinsamen Bewertung des Zusammenhangs zwischen den geistigen Eigentumsrechten und den einschlägigen Bestimmungen des Übereinkommens über handelsbezogene Aspekte des geistigen Eigentums und des Übereinkommens über die biologische Vielfalt zu gelangen, insbesondere in Fragen des Technologietransfers, der Erhaltung und nachhaltigen Nutzung der biologischen Vielfalt sowie der gerechten und fairen Teilhabe an den Vorteilen, die sich aus der Nutzung der genetischen Ressourcen ergeben, einschließlich des Schutzes von Wissen, Innovationen und Praktiken indigener und lokaler Gemeinschaften, die traditionelle Lebensformen verkörpern, die für die Erhaltung und nachhaltige Nutzung der biologischen Vielfalt von Bedeutung sind –

HABEN FOLGENDE RICHTLINIE ERLASSEN:

Kapitel I
Patentierbarkeit

Artikel 1
(1) Die Mitgliedstaaten schützen biotechnologische Erfindungen durch das nationale Patentrecht. Sie passen ihr nationales Patentrecht erforderlichenfalls an, um den Bestimmungen dieser Richtlinie Rechnung zu tragen.
(2) Die Verpflichtungen der Mitgliedstaaten aus internationalen Übereinkommen, insbesondere aus dem TRIPSÜbereinkommen und dem Übereinkommen über die biologische Vielfalt, werden von dieser Richtlinie nicht berührt.

Artikel 2
(1) Im Sinne dieser Richtlinie ist
a) „biologisches Material" ein Material, das genetische Informationen enthält und sich selbst reproduzieren oder in einem biologischen System reproduziert werden kann;
b) „mikrobiologisches Verfahren" jedes Verfahren, bei dem mikrobiologisches Material verwendet, ein Eingriff in mikrobiologisches Material durchgeführt oder mikrobiologisches Material hervorgebracht wird.
(2) Ein Verfahren zur Züchtung von Pflanzen oder Tieren ist im wesentlichen biologisch, wenn es vollständig auf natürlichen Phänomenen wie Kreuzung oder Selektion beruht.
(3) Der Begriff der Pflanzensorte wird durch Artikel 5 der Verordnung (EG) Nr. 2100/94 definiert.

Artikel 3
(1) Im Sinne dieser Richtlinie können Erfindungen, die neu sind, auf einer erfinderischen Tätigkeit beruhen und gewerblich anwendbar sind, auch dann patentiert werden, wenn sie ein Erzeugnis, das aus biologischem Material besteht oder dieses enthält, oder ein Verfahren, mit dem biologisches Material hergestellt, bearbeitet oder verwendet wird, zum Gegenstand haben.
(2) Biologisches Material, das mit Hilfe eines technischen Verfahrens aus seiner natürlichen Umgebung isoliert oder hergestellt wird, kann auch dann Gegenstand einer Erfindung sein, wenn es in der Natur schon vorhanden war.

Artikel 4
(1) Nicht patentierbar sind
a) Pflanzensorten und Tierrassen,
b) im wesentlichen biologische Verfahren zur Züchtung von Pflanzen oder Tieren.
(2) Erfindungen, deren Gegenstand Pflanzen oder Tiere sind, können patentiert werden, wenn die Ausführungen der Erfindung technisch nicht auf eine bestimmte Pflanzensorte oder Tierrasse beschränkt ist.
(3) Absatz 1 Buchstabe b) berührt nicht die Patentierbarkeit von Erfindungen, die ein mikrobiologisches oder sonstiges technisches Verfahren oder ein durch diese Verfahren gewonnenes Erzeugnis zum Gegenstand haben.

Artikel 5
(1) Der menschliche Körper in den einzelnen Phasen seiner Entstehung und Entwicklung sowie die bloße Entdeckung eines seiner Bestandteile, einschließlich der Sequenz oder Teilsequenz eines Gens, können keine patentierbaren Erfindungen darstellen.
(2) Ein isolierter Bestandteil des menschlichen Körpers oder ein auf andere Weise durch ein technisches Verfahren gewonnener Bestandteil, einschließlich der Sequenz oder

Teilsequenz eines Gens, kann eine patentierbare Erfindung sein, selbst wenn der Aufbau dieses Bestandteils mit dem Aufbau eines natürlichen Bestandteils identisch ist. (3) Die gewerbliche Anwendbarkeit einer Sequenz oder Teilsequenz eines Gens muß in der Patentanmeldung konkret beschrieben werden.

Artikel 6
(1) Erfindungen, deren gewerbliche Verwertung gegen die öffentliche Ordnung oder die guten Sitten verstoßen würde, sind von der Patentierbarkeit ausgenommen, dieser Verstoß kann nicht allein daraus hergeleitet werden, daß die Verwertung durch Rechts- oder Verwaltungs-vorschriften verboten ist.
(2) Im Sinne von Absatz 1 gelten unter anderem als nicht patentierbar:
a) Verfahren zum Klonen von menschlichen Lebewesen;
b) Verfahren zur Veränderung der genetischen Identität der Keimbahn des menschlichen Lebewesens;
c) die Verwendung von menschlichen Embryonen zu industriellen oder kommerziellen Zwecken;
d) Verfahren zur Veränderung der genetischen Identität von Tieren, die geeignet sind, Leiden dieser Tiere ohne wesentlichen medizinischen Nutzen für den Menschen oder das Tier zu verursachen, sowie die mit Hilfe solcher Verfahren erzeugten Tiere.

Artikel 7
Die Europäische Gruppe für Ethik der Naturwissenschaften und der Neuen Technologien der Kommission bewertet alle ethischen Aspekte im Zusammenhang mit der Biotechnologie.

KAPITEL II
Umfang des Schutzes

Artikel 8
(1) Der Schutz eines Patents für biologisches Material, das aufgrund der Erfindung mit bestimmten Eigenschaften ausgestattet ist, umfaßt jedes biologische Material, das aus diesem biologischen Material durch generative oder vegetative Vermehrung in gleicher oder abweichender Form gewonnen wird und mit denselben Eigenschaften ausgestattet ist.
(2) Der Schutz eines Patents für ein Verfahren, das die Gewinnung eines aufgrund der Erfindung mit bestimmten Eigenschaften ausgestatteten biologischen Materials ermöglicht, umfaßt das mit diesem Verfahren unmittelbar gewonnene biologische Material und jedes andere mit denselben Eigenschaften ausgestattete biologische Material, das durch generative oder vegetative Vermehrung in gleicher oder abweichender Form aus dem unmittelbar gewonnenen biologischen Material gewonnen wird.

Artikel 9
Der Schutz, der durch ein Patent für ein Erzeugnis erteilt wird, das aus einer genetischen Information besteht oder sie enthält, erstreckt sich vorbehaltlich des Artikels 5 Absatz 1 auf jedes Material, in das dieses Erzeugnis Eingang findet und in dem die genetische Information enthalten ist und ihre Funktion erfüllt.

Artikel 10
Der in den Artikeln 8 und 9 vorgesehene Schutz erstreckt sich nicht auf das biologi-

sche Material, das durch generative oder vegetative Vermehrung von biologischem Material gewonnen wird, das im Hoheitsgebiet eines Mitgliedstaats vom Patentinhaber oder mit dessen Zustimmung in Verkehr gebracht wurde, wenn die generative oder vegetative Vermehrung notwendigerweise das Ergebnis der Verwendung ist, für die das biologische Material in Verkehr gebracht wurde, vorausgesetzt, daß das so gewonnene Material anschließend nicht für andere generative oder vegetative Vermehrung verwendet wird.

Artikel 11

(1) Abweichend von den Artikeln 8 und 9 beinhaltet der Verkauf oder das sonstige Inverkehrbringen von pflanzlichem Vermehrungsmaterial durch den Patentinhaber oder mit dessen Zustimmung an einen Landwirt zum landwirtschaftlichen Anbau dessen Befugnis, sein Erntegut für die generative oder vegetative Vermehrung durch ihn selbst im eigenen Betrieb zu verwenden, wobei Ausmaß und Modalitäten dieser Ausnahmeregelung denjenigen des Artikels 14 der Verordnung (EG) Nr. 2100/94 entsprechen.

(2) Abweichend von den Artikeln 8 und 9 beinhaltet der Verkauf oder das sonstige Inverkehrbringen von Zuchtvieh oder von tierischem Vermehrungsmaterial durch den Patentinhaber oder mit dessen Zustimmung an einen Landwirt dessen Befugnis, das geschützte Vieh zu landwirtschaftlichen Zwecken zu verwenden. Diese Befugnis erstreckt sich auch auf die Überlassung des Viehs oder anderen tierischen Vermehrungsmaterials zur Fortführung seiner landwirtschaftlichen Tätigkeit, jedoch nicht auf den Verkauf mit dem Ziel oder im Rahmen einer gewerblichen Viehzucht.

(3) Das Ausmaß und die Modalitäten der in Absatz 2 vorgesehenen Ausnahmeregelung werden durch die nationalen Gesetze, Rechts- und Verwaltungsvorschriften und Verfahrensweisen geregelt.

KAPITEL III
Zwangslizenzen wegen Abhängigkeit

Artikel 12

(1) Kann ein Pflanzenzüchter ein Sortenschutzrecht nicht erhalten oder verwerten, ohne ein früher erteiltes Patent zu verletzen, so kann er beantragen, daß ihm gegen Zahlung einer angemessenen Vergütung eine nicht ausschließliche Zwangslizenz für die patentgeschützte Erfindung erteilt wird, soweit diese Lizenz zur Verwertung der zu schützenden Pflanzensorte erforderlich ist. Die Mitgliedstaaten sehen vor, daß der Patentinhaber, wenn eine solche Lizenz erteilt wird, zur Verwertung der geschützten Sorte Anspruch auf eine gegenseitige Lizenz zu angemessenen Bedingungen hat.

(2) Kann der Inhaber des Patents für eine biotechnologische Erfindung diese nicht verwerten, ohne ein früher erteiltes Sortenschutzrecht zu verletzen, so kann er beantragen, daß ihm gegen Zahlung einer angemessenen Vergütung eine nicht ausschließliche Zwangslizenz für die durch dieses Sortenschutzrecht geschützte Pflanzensorte erteilt wird. Die Mitgliedstaaten sehen vor, daß der Inhaber des Sortenschutzrechts, wenn eine solche Lizenz erteilt wird, zur Verwertung der geschützten Erfindung Anspruch auf eine gegenseitige Lizenz zu angemessenen Bedingungen hat.

(3) Die Antragsteller nach den Absätzen 1 und 2 müssen nachweisen, dass L 213/20 DE Amtsblatt der Europäischen Gemeinschaften 30.7.98 a) sie sich vergebens an den Inhaber des Patents oder des Sortenschutzrechts gewandt haben, um eine vertragliche Lizenz zu erhalten;

b) die Pflanzensorte oder Erfindung einen bedeutenden technischen Fortschritt von erheblichem wirtschaftlichen Interesse gegenüber der patentgeschützten Erfindung oder der geschützten Pflanzensorte darstellt.

(4) Jeder Mitgliedstaat benennt die für die Erteilung der Lizenz zuständige(n) Stelle(n). Kann eine Lizenz für eine Pflanzensorte nur vom Gemeinschaftlichen Sortenamt erteilt werden, findet Artikel 29 der Verordnung (EG) Nr. 2100/94 Anwendung.

KAPITEL IV
Hinterlegung von, Zugang zu und erneute Hinterlegung von biologischem Material

Artikel 13

(1) Betrifft eine Erfindung biologisches Material, das der Öffentlichkeit nicht zugänglich ist und in der Patentanmeldung nicht so beschrieben werden kann, daß ein Fachmann diese Erfindung danach ausführen kann, oder beinhaltet die Erfindung die Verwendung eines solchen Materials, so gilt die Beschreibung für die Anwendung des Patentrechts nur dann als ausreichend, wenn

a) das biologische Material spätestens am Tag der Patentanmeldung bei einer anerkannten Hinterlegungsstelle hinterlegt wurde. Anerkannt sind zumindest die internationalen Hinterlegungsstellen, die diesen Status nach Artikel 7 des Budapester Vertrags vom 28. April 1977 über die internationale Anerkennung der Hinterlegung von Mikroorganismen für Zwecke von Patentverfahren (im folgenden „Budapester Vertrag" genannt) erworben haben;

b) die Anmeldung die einschlägigen Informationen enthält, die dem Anmelder bezüglich der Merkmale des hinterlegten biologischen Materials bekannt sind;

c) in der Patentanmeldung die Hinterlegungsstelle und das Aktenzeichen der Hinterlegung angegeben sind.

(2) Das hinterlegte biologische Material wird durch Herausgabe einer Probe zugänglich gemacht:

a) bis zur ersten Veröffentlichung der Patentanmeldung nur für Personen, die nach dem innerstaatlichen Patentrecht hierzu ermächtigt sind;

b) von der ersten Veröffentlichung der Anmeldung bis zur Erteilung des Patents für jede Person, die dies beantragt, oder, wenn der Anmelder dies verlangt, nur für einen unabhängigen Sachverständigen;

c) nach der Erteilung des Patents ungeachtet eines späteren Widerrufs oder einer Nichtigerklärung des Patents für jede Person, die einen entsprechenden Antrag stellt.

(3) Die Herausgabe erfolgt nur dann, wenn der Antragsteller sich verpflichtet, für die Dauer der Wirkung des Patents

a) Dritten keine Probe des hinterlegten biologischen Materials oder eines daraus abgeleiteten Materials zugänglich zu machen und

b) keine Probe des hinterlegten Materials oder eines daraus abgeleiteten Materials zu anderen als zu Versuchszwecken zu verwenden, es sei denn, der Anmelder oder der Inhaber des Patents verzichtet ausdrücklich auf eine derartige Verpflichtung.

(4) Bei Zurückweisung oder Zurücknahme der Anmeldung wird der Zugang zu dem hinterlegten Material auf Antrag des Hinterlegers für die Dauer von 20 Jahren ab dem Tag der Patentanmeldung nur einem unabhängigen Sachverständigen erteilt. In diesem Fall findet Absatz 3 Anwendung.

(5) Die Anträge des Hinterlegers gemäß Absatz 2 Buchstabe b) und Absatz 4 können nur bis zu dem Zeitpunkt eingereicht werden, zu dem die technischen Vorarbeiten für die Veröffentlichung der Patentanmeldung als abgeschlossen gelten.

Artikel 14
(1) Ist das nach Artikel 13 hinterlegte biologische Material bei der anerkannten Hinterlegungsstelle nicht mehr zugänglich, so wird unter denselben Bedingungen wie denen des Budapester Vertrags eine erneute Hinterlegung des Materials zugelassen.
(2) Jeder erneuten Hinterlegung ist eine vom Hinterleger unterzeichnete Erklärung beizufügen, in der bestätigt wird, daß das erneut hinterlegte biologische Material das gleiche wie das ursprünglich hinterlegte Material ist.

KAPITEL V
Schlußbestimmungen

Artikel 15
(1) Die Mitgliedstaaten erlassen die erforderlichen Rechts- und Verwaltungsvorschriften, um dieser Richtlinie bis zum 30. Juli 2000 nachzukommen. Sie setzen die Kommission unmittelbar davon in Kenntnis. Wenn die Mitgliedstaaten diese Vorschriften erlassen, nehmen sie in den Vorschriften selbst oder durch einen Hinweis bei der amtlichen Veröffentlichung auf diese Richtlinie Bezug. Die Mitgliedstaaten regeln die Einzelheiten der Bezugnahme.
(2) Die Mitgliedstaaten teilen der Kommission die innerstaatlichen Rechtsvorschriften mit, die sie auf dem unter diese Richtlinie fallenden Gebiet erlassen.

Artikel 16
Die Kommission übermittelt dem Europäischen Parlament und dem Rat folgendes:
a) alle fünf Jahre nach dem in Artikel 15 Absatz 1 vorgesehenen Zeitpunkt einen Bericht zu der Frage, ob durch diese Richtlinie im Hinblick auf internationale Übereinkommen zum Schutz der Menschenrechte, denen die Mitgliedstaaten beigetreten sind, Probleme entstanden sind;
b) innerhalb von zwei Jahren nach dem Inkrafttreten dieser Richtlinie einen Bericht, in dem die Auswirkungen des Unterbleibens oder der Verzögerung von Veröffentlichungen, deren Gegenstand patentierfähig sein könnte, auf die gentechnologische Grundlagenforschung evaluiert werden;
c) jährlich ab dem in Artikel 15 Absatz 1 vorgesehenen Zeitpunkt einen Bericht über die Entwicklung und die Auswirkungen des Patentrechts im Bereich der Bio- und Gentechnologie.

Artikel 17
Diese Richtlinie tritt am Tag ihrer Veröffentlichung im Amtsblatt der Europäischen Gemeinschaften in Kraft.

Artikel 18
Diese Richtlinie ist an die Mitgliedstaaten gerichtet. Geschehen zu Brüssel am 6. Juli 1998.

In Namen des Europäischen Parlaments   Im Nahmen des Rates
Der Präsident   Der Präsident
J. M. GIL-ROBLES   R. EDLINGER

Nationale Gesetzestexte

Ablauf der Referendumsfrist: 8. April 2004

Bundesgesetz
über die Forschung an embryonalen Stammzellen
(Stammzellenforschungsgesetz, StFG)

vom 19. Dezember 2003

Die Bundesversammlung der Schweizerischen Eidgenossenschaft,

gestützt auf Artikel 119 der Bundesverfassung[1],
nach Einsicht in die Botschaft des Bundesrates vom 20. November 2002[2],

beschliesst:

1. Abschnitt: Allgemeine Bestimmungen

Art. 1   Gegenstand, Zweck und Geltungsbereich

[1] Dieses Gesetz legt fest, unter welchen Voraussetzungen menschliche embryonale Stammzellen aus überzähligen Embryonen gewonnen und zu Forschungszwecken verwendet werden dürfen.

[2] Es soll den missbräuchlichen Umgang mit überzähligen Embryonen und mit embryonalen Stammzellen verhindern sowie die Menschenwürde schützen.

[3] Es gilt nicht für die Verwendung embryonaler Stammzellen zu Transplantationszwecken im Rahmen klinischer Versuche.

Art. 2   Begriffe

In diesem Gesetz bedeuten:

    a. *Embryo:* die Frucht von der Kernverschmelzung bis zum Abschluss der Organentwicklung;

    b. *überzähliger Embryo:* im Rahmen der In-vitro-Fertilisation erzeugter Embryo, der nicht zur Herbeiführung einer Schwangerschaft verwendet werden kann und deshalb keine Überlebenschance hat;

    c. *embryonale Stammzelle:* Zelle aus einem Embryo in vitro, die sich in die verschiedenen Zelltypen zu differenzieren, aber nicht zu einem Menschen zu entwickeln vermag, und die daraus hervorgegangene Zelllinie;

    d. *Parthenote:* Organismus, der aus einer unbefruchteten Eizelle hervorgegangen ist.

---

[1]   SR **101**
[2]   BBl **2003** 1163

Art. 3   Verbotene Handlungen

[1] Es ist verboten:

a.   einen Embryo zu Forschungszwecken zu erzeugen (Art. 29 Abs. 1 des Fort-
     pflanzungsmedizingesetzes vom 18. Dez. 1998[3]), aus einem solchen Embryo
     Stammzellen zu gewinnen oder solche zu verwenden;

b.   verändernd ins Erbgut einer Keimbahnzelle einzugreifen (Art. 35 Abs. 1 des
     Fortpflanzungsmedizingesetzes vom 18. Dez. 1998), aus einem entspre-
     chend veränderten Embryo embryonale Stammzellen zu gewinnen oder sol-
     che zu verwenden;

c.   einen Klon, eine Chimäre oder eine Hybride zu bilden (Art. 36 Abs. 1 des
     Fortpflanzungsmedizingesetzes vom 18. Dez. 1998), aus einem solchen Le-
     bewesen embryonale Stammzellen zu gewinnen oder solche zu verwenden;

d.   eine Parthenote zu entwickeln, daraus embryonale Stammzellen zu gewin-
     nen oder solche zu verwenden;

e.   einen Embryo nach Buchstabe a oder b oder einen Klon, eine Chimäre, eine
     Hybride oder eine Parthenote ein- oder auszuführen.

[2] Es ist überdies verboten:

a.   überzählige Embryonen zu einem anderen Zweck als der Gewinnung emb-
     ryonaler Stammzellen zu verwenden;

b.   überzählige Embryonen ein- oder auszuführen;

c.   aus einem überzähligen Embryo nach dem siebten Tag seiner Entwicklung
     Stammzellen zu gewinnen;

d.   einen zur Stammzellengewinnung verwendeten überzähligen Embryo auf
     eine Frau zu übertragen.

Art. 4   Unentgeltlichkeit

[1] Überzählige Embryonen und embryonale Stammzellen dürfen nicht gegen Entgelt
veräussert oder erworben werden.

[2] Entgeltlich erworbene überzählige Embryonen und embryonale Stammzellen
dürfen nicht verwendet werden.

[3] Als Entgelt gilt auch die Entgegennahme beziehungsweise Gewährung nicht finan-
zieller Vorteile.

[4] Entschädigt werden dürfen Aufwendungen für:

a.   die Aufbewahrung oder Weitergabe überzähliger Embryonen;

b.   die Gewinnung, Bearbeitung, Aufbewahrung oder Weitergabe embryonaler
     Stammzellen.

---

[3]   SR **814.90**

---

2. Abschnitt:
Gewinnung embryonaler Stammzellen aus überzähligen Embryonen

Art. 5   Einwilligung nach Aufklärung

[1] Ein überzähliger Embryo darf zur Gewinnung embryonaler Stammzellen nur verwendet werden, wenn das betroffene Paar frei und schriftlich eingewilligt hat. Bevor es seine Einwilligung erteilt, ist es mündlich und schriftlich in verständlicher Form über die Verwendung des Embryos hinreichend aufzuklären.

[2] Das Paar darf erst angefragt werden, nachdem die Überzähligkeit des Embryos festgestellt worden ist.

[3] Das Paar beziehungsweise die Frau oder der Mann kann die Einwilligung jederzeit und ohne Angabe von Gründen bis zum Beginn der Stammzellengewinnung widerrufen.

[4] Wird die Einwilligung verweigert oder widerrufen, so ist der Embryo sofort zu vernichten.

[5] Im Todesfall entscheidet die überlebende Partnerin oder der überlebende Partner über die Verwendung des Embryos zur Stammzellengewinnung; sie oder er muss den erklärten oder mutmasslichen Willen der verstorbenen Person beachten.

Art. 6   Unabhängigkeit der beteiligten Personen

Die an der Stammzellengewinnung beteiligten Personen dürfen weder am Fortpflanzungsverfahren des betreffenden Paares mitwirken noch gegenüber den daran beteiligten Personen weisungsbefugt sein.

Art. 7   Bewilligungspflicht für die Stammzellengewinnung

[1] Wer aus überzähligen Embryonen embryonale Stammzellen im Hinblick auf die Durchführung eines Forschungsprojekts gewinnen will, braucht eine Bewilligung des Bundesamtes für Gesundheit (Bundesamt).

[2] Die Bewilligung wird erteilt, wenn:

    a.   für das Forschungsprojekt die befürwortende Stellungnahme der Ethikkommission nach Artikel 11 vorliegt;

    b.   im Inland keine geeigneten embryonalen Stammzellen vorhanden sind;

    c.   nicht mehr überzählige Embryonen gebraucht werden, als zur Gewinnung der embryonalen Stammzellen unbedingt erforderlich sind; und

    d.   die fachlichen und betrieblichen Voraussetzungen gegeben sind.

Art. 8   Bewilligungspflicht für Forschungsprojekte zur Verbesserung
                  der Gewinnungsverfahren

[1] Wer im Rahmen eines Forschungsprojekts zur Verbesserung der Gewinnungsverfahren aus überzähligen Embryonen embryonale Stammzellen gewinnen will, braucht eine Bewilligung des Bundesamtes.

2 Die Bewilligung wird erteilt, wenn:

a. das Projekt die wissenschaftlichen und ethischen Anforderungen nach Absatz 3 erfüllt;

b. nicht mehr überzählige Embryonen gebraucht werden, als zur Erreichung des Forschungsziels unbedingt erforderlich sind; und

c. die fachlichen und betrieblichen Voraussetzungen gegeben sind.

3 Das Forschungsprojekt darf nur durchgeführt werden, wenn:

a. mit dem Projekt wesentliche Erkenntnisse zur Verbesserung der Gewinnungsverfahren erlangt werden sollen;

b. gleichwertige Erkenntnisse nicht auch auf anderem Weg erlangt werden können;

c. das Projekt den wissenschaftlichen Qualitätsanforderungen genügt; und

d. das Projekt ethisch vertretbar ist.

4 Für die wissenschaftliche und ethische Beurteilung des Projekts zieht das Bundesamt unabhängige Expertinnen oder Experten bei.

Art. 9   Pflichten der Inhaberin oder des Inhabers der Bewilligung

1 Die Inhaberin oder der Inhaber der Bewilligung nach Artikel 7 oder 8 ist verpflichtet:

a. nach Gewinnung der embryonalen Stammzellen den Embryo sofort zu vernichten;

b. über die Stammzellengewinnung dem Bundesamt Bericht zu erstatten;

c. embryonale Stammzellen gegen eine allfällige Entschädigung nach Artikel 4 für im Inland durchgeführte Forschungsprojekte weiterzugeben, für die eine befürwortende Stellungnahme der Ethikkommission nach Artikel 11 vorliegt.

2 Die Inhaberin oder der Inhaber der Bewilligung ist bei einem Forschungsprojekt zur Verbesserung der Gewinnungsverfahren zudem verpflichtet:

a. den Abschluss oder Abbruch des Projekts dem Bundesamt zu melden;

b. nach Abschluss oder Abbruch des Projekts innert angemessener Frist eine Zusammenfassung der Ergebnisse öffentlich zugänglich zu machen.

Art. 10   Bewilligungspflicht für die Aufbewahrung überzähliger Embryonen

1 Wer überzählige Embryonen aufbewahren will, braucht eine Bewilligung des Bundesamtes.

2 Die Bewilligung wird erteilt, wenn:

a. die Stammzellengewinnung nach Artikel 7 oder 8 bewilligt ist;

b. die Aufbewahrung zur Stammzellengewinnung unbedingt erforderlich ist; und

c. die fachlichen und betrieblichen Voraussetzungen für die Aufbewahrung gegeben sind.

---

3. Abschnitt: Umgang mit embryonalen Stammzellen

Art. 11 Befürwortung von Forschungsprojekten durch die Ethikkommission

Ein Forschungsprojekt mit embryonalen Stammzellen darf erst begonnen werden, wenn eine befürwortende Stellungnahme der zuständigen Ethikkommission nach Artikel 57 des Heilmittelgesetzes vom 15. Dezember 2000[4] vorliegt.

Art. 12 Wissenschaftliche und ethische Anforderungen an Forschungsprojekte

Ein Forschungsprojekt mit embryonalen Stammzellen darf nur durchgeführt werden, wenn:

    a. mit dem Projekt wesentliche Erkenntnisse erlangt werden sollen:

        1. im Hinblick auf die Feststellung, Behandlung oder Verhinderung schwerer Krankheiten des Menschen, oder

        2. über die Entwicklungsbiologie des Menschen;

    b. gleichwertige Erkenntnisse nicht auch auf anderem Weg erlangt werden können;

    c. das Projekt den wissenschaftlichen Qualitätsanforderungen genügt; und

    d. das Projekt ethisch vertretbar ist.

Art. 13 Pflichten der Projektleitung

[1] Die Projektleitung muss ein Forschungsprojekt mit embryonalen Stammzellen vor seiner Durchführung dem Bundesamt melden.

[2] Sie ist verpflichtet:

    a. den Abschluss oder Abbruch des Projekts dem Bundesamt und der zuständigen Ethikkommission zu melden;

    b. nach Abschluss oder Abbruch des Projekts innert angemessener Frist:

        1. über die Ergebnisse dem Bundesamt und der zuständigen Ethikkommission Bericht zu erstatten,

        2. eine Zusammenfassung der Ergebnisse öffentlich zugänglich zu machen.

Art. 14 Befugnisse des Bundesamtes

Das Bundesamt kann ein Forschungsprojekt mit embryonalen Stammzellen verbieten oder mit Auflagen verknüpfen, sofern die Anforderungen nach diesem Gesetz nicht vollständig erfüllt sind.

---

4   SR **812.21**

Art. 15   Bewilligungspflicht für die Ein- und Ausfuhr embryonaler
                   Stammzellen

[1] Wer embryonale Stammzellen ein- oder ausführen will, braucht eine Bewilligung des Bundesamtes.

[2] Die Einlagerung in einem Zolllager gilt als Einfuhr.

[3] Die Einfuhrbewilligung wird erteilt, wenn:

    a.   die embryonalen Stammzellen für ein konkretes Forschungsprojekt verwendet werden;

    b.   die embryonalen Stammzellen aus Embryonen gewonnen worden sind, die zur Herbeiführung einer Schwangerschaft erzeugt wurden, aber nicht dafür verwendet werden konnten; und

    c.   das betroffene Paar nach Aufklärung frei in die Verwendung des Embryos zu Forschungszwecken eingewilligt hat und dafür kein Entgelt erhält.

[4] Die Ausfuhrbewilligung wird erteilt, wenn die Bedingungen für die Verwendung der embryonalen Stammzellen im Zielland mit denjenigen dieses Gesetzes gleichwertig sind.

Art. 16   Meldepflicht für die Aufbewahrung embryonaler Stammzellen

[1] Wer embryonale Stammzellen aufbewahrt, muss dies dem Bundesamt melden.

[2] Der Bundesrat kann Ausnahmen von der Meldepflicht vorsehen, wenn bereits auf andere Weise sichergestellt ist, dass das Bundesamt von der Aufbewahrung embryonaler Stammzellen Kenntnis hat.

4. Abschnitt: Vollzug

Art. 17   Ausführungsbestimmungen

Der Bundesrat:

    a.   legt die Modalitäten der Einwilligung sowie Modalitäten und Umfang der Aufklärung nach Artikel 5 fest;

    b.   führt die Voraussetzungen für die Bewilligungen sowie das Bewilligungsverfahren nach den Artikeln 7, 8, 10 und 15 genauer aus;

    c.   führt die Pflichten der Inhaberin oder des Inhabers einer Bewilligung nach Artikel 9 sowie der bewilligungspflichtigen Personen nach den Artikeln 10 und 15 genauer aus;

    d.   führt den Inhalt der Meldepflicht sowie die Pflichten der meldepflichtigen Personen und der Projektleitung nach den Artikeln 13 und 16 genauer aus;

    e.   führt den Inhalt des Registers nach Artikel 18 genauer aus;

    f.   setzt die Gebühren nach Artikel 22 fest.

Stammzellenforschungsgesetz

Art. 18   Register

Das Bundesamt führt ein öffentliches Register der im Inland vorhandenen embryonalen Stammzellen und der Forschungsprojekte.

Art. 19   Kontrolle

[1] Das Bundesamt kontrolliert, ob die Vorschriften dieses Gesetzes eingehalten werden. Es führt dazu insbesondere periodische Inspektionen durch.

[2] Es ist zur Erfüllung dieser Aufgabe befugt:

    a.   die erforderlichen Auskünfte und Unterlagen unentgeltlich zu verlangen;

    b.   Betriebs- und Lagerräume zu betreten;

    c.   jede andere erforderliche Unterstützung unentgeltlich zu verlangen.

Art. 20   Mitwirkungspflicht

Wer mit überzähligen Embryonen oder embryonalen Stammzellen umgeht, muss dem Bundesamt bei der Wahrnehmung seiner Aufgaben unentgeltlich behilflich sein und ihm insbesondere:

    a.   Auskünfte erteilen;

    b.   Einblick in die Unterlagen gewähren;

    c.   Zutritt zu den Betriebs- und Lagerräumen gewähren.

Art. 21   Massnahmen

[1] Das Bundesamt trifft alle Massnahmen, die zum Vollzug dieses Gesetzes erforderlich sind.

[2] Es ist insbesondere befugt:

    a.   Beanstandungen auszusprechen und eine angemessene Frist zur Wiederherstellung des rechtmässigen Zustandes zu setzen;

    b.   Bewilligungen zu sistieren oder zu entziehen;

    c.   Embryonen und embryonale Stammzellen, die nicht den Vorschriften dieses Gesetzes entsprechen, sowie Klone, Chimären, Hybriden und Parthenoten einzuziehen und zu vernichten.

[3] Es trifft die erforderlichen vorsorglichen Massnahmen. Es ist insbesondere befugt, beanstandete Embryonen, embryonale Stammzellen, Klone, Chimären, Hybriden und Parthenoten auch im Fall eines begründeten Verdachts zu beschlagnahmen und zu verwahren.

[4] Die Zollorgane sind beim Verdacht eines Verstosses gegen dieses Gesetz befugt, Sendungen mit Embryonen, embryonalen Stammzellen, Klonen, Chimären, Hybriden und Parthenoten an der Grenze oder in Zolllagern zurückzuhalten und das Bundesamt beizuziehen. Dieses nimmt die weiteren Abklärungen vor und trifft die erforderlichen Massnahmen.

Art. 22   Gebühren

Gebühren werden erhoben für:

    a.   die Erteilung, die Sistierung und den Entzug von Bewilligungen;

    b.   die Durchführung von Kontrollen;

    c.   die Anordnung und Durchführung von Massnahmen.

Art. 23   Evaluation

[1] Das Bundesamt sorgt für die Evaluation der Wirksamkeit dieses Gesetzes.

[2] Das Eidgenössische Departement des Innern erstattet dem Bundesrat nach Abschluss der Evaluation, spätestens aber fünf Jahre nach Inkrafttreten dieses Gesetzes Bericht und unterbreitet Vorschläge für das weitere Vorgehen.

5. Abschnitt: Strafbestimmungen

Art. 24   Vergehen

[1] Mit Gefängnis wird bestraft, wer vorsätzlich:

    a.   aus einem zu Forschungszwecken erzeugten oder in seinem Erbgut veränderten Embryo oder aus einem Klon, einer Chimäre, einer Hybride oder einer Parthenote embryonale Stammzellen gewinnt oder solche embryonalen Stammzellen verwendet oder einen solchen Embryo oder einen Klon, eine Chimäre, eine Hybride oder eine Parthenote ein- oder ausführt (Art. 3 Abs. 1);

    b.   einen überzähligen Embryo zu einem anderen Zweck als der Gewinnung embryonaler Stammzellen verwendet oder ein- oder ausführt oder aus einem überzähligen Embryo nach dem siebten Tag seiner Entwicklung Stammzellen gewinnt oder einen zur Stammzellengewinnung verwendeten überzähligen Embryo auf eine Frau überträgt (Art. 3 Abs. 2).

[2] Mit Gefängnis oder mit Busse bis zu 200 000 Franken wird bestraft, wer vorsätzlich:

    a.   überzählige Embryonen oder embryonale Stammzellen gegen Entgelt erwirbt oder veräussert oder überzählige Embryonen oder embryonale Stammzellen, die gegen Entgelt erworben worden sind, verwendet (Art. 4);

    b.   die Vorschriften über die Einwilligung des betroffenen Paares verletzt (Art. 5);

    c.   bewilligungspflichtige Tätigkeiten ohne Bewilligung vornimmt (Art. 7, 8, 10 und 15).

[3] Handelt die Täterin oder der Täter gewerbsmässig, so ist die Strafe:

    a.   für die Tatbestände nach Absatz 1 Gefängnis bis zu fünf Jahren und Busse bis zu 500 000 Franken;

    b.   für die Tatbestände nach Absatz 2 Gefängnis bis zu fünf Jahren oder Busse bis zu 500 000 Franken.

Stammzellenforschungsgesetz

---

4 Handelt die Täterin oder der Täter fahrlässig, so ist die Strafe Gefängnis bis zu sechs Monaten oder Busse bis zu 100 000 Franken.

Art. 25   Übertretungen

1 Mit Haft oder Busse bis zu 50 000 Franken wird bestraft, wer vorsätzlich oder fahrlässig und ohne dass ein Vergehen nach Artikel 24 vorliegt:

   a.   die Vorschriften über die Unabhängigkeit der beteiligten Personen verletzt (Art. 6);

   b.   Pflichten als Inhaberin oder Inhaber einer Bewilligung oder an die Bewilligung geknüpfte Auflagen oder Pflichten der Projektleitung nicht erfüllt oder die Meldepflicht verletzt (Art. 9, 10, 13, 15 und 16);

   c.   ein Forschungsprojekt durchführt, obschon es vom Bundesamt verboten worden ist, oder daran geknüpfte Auflagen nicht erfüllt (Art. 14);

   d.   die Mitwirkungspflicht verletzt (Art. 20);

   e.   gegen eine Ausführungsvorschrift, deren Übertretung vom Bundesrat für strafbar erklärt wird, oder gegen eine unter Hinweis auf die Strafdrohung dieses Artikels an ihn oder sie gerichtete Verfügung verstösst.

2 Versuch und Gehilfenschaft sind strafbar.

3 Eine Übertretung und die Strafe für eine Übertretung verjähren in fünf Jahren.

4 In besonders leichten Fällen kann auf Strafanzeige, Strafverfolgung und Bestrafung verzichtet werden.

Art. 26   Zuständigkeit und Verwaltungsstrafrecht

1 Die Verfolgung und Beurteilung strafbarer Handlungen sind Sache der Kantone.

2 Die Artikel 6 und 7 (Widerhandlung in Geschäftsbetrieben) sowie 15 (Urkundenfälschung, Erschleichen einer falschen Beurkundung) des Bundesgesetzes vom 22. März 1974[5] über das Verwaltungsstrafrecht sind anwendbar.

6. Abschnitt: Schlussbestimmungen

Art. 27   Änderung bisherigen Rechts

Das Patentgesetz vom 25. Juni 1954[6] wird wie folgt geändert:

Art. 2

B. Ausschluss von der Patentierung   1 Von der Patentierung ausgeschlossen sind Erfindungen, deren Verwertung gegen die öffentliche Ordnung oder die guten Sitten verstossen würde. Insbesondere werden keine Patente erteilt für:

---

5   SR **313.0**
6   SR **232.14**

a. Verfahren zum Klonen menschlicher Lebewesen und die damit gewonnenen Klone;

b. Verfahren zur Bildung von Chimären und Hybriden unter Verwendung menschlicher Keimzellen oder menschlicher totipotenter Zellen und die damit gewonnenen Wesen;

c. Verfahren der Parthenogenese unter Verwendung menschlichen Keimguts und die damit erzeugten Parthenoten;

d. Verfahren zur Veränderung der in der Keimbahn enthaltenen genetischen Identität des menschlichen Lebewesens und die damit gewonnenen Keimbahnzellen;

e. unveränderte menschliche embryonale Stammzellen und Stammzelllinien.

[2] Von der Patentierung ebenfalls ausgeschlossen sind Verfahren der Chirurgie, Therapie und Diagnostik, die am menschlichen oder tierischen Körper angewendet werden.

Art. 28   Übergangsbestimmung

Wer ein Forschungsprojekt mit embryonalen Stammzellen bereits aufgenommen hat, muss dies dem Bundesamt spätestens drei Monate nach Inkrafttreten dieses Gesetzes melden.

Art. 29   Referendum und Inkrafttreten

[1] Dieses Gesetz untersteht dem fakultativen Referendum.

[2] Der Bundesrat bestimmt das Inkrafttreten.

Ständerat, 19. Dezember 2003   Nationalrat, 19. Dezember 2003

Der Präsident: Fritz Schiesser   Der Präsident: Max Binder
Der Sekretär: Christoph Lanz   Der Protokollführer: Ueli Anliker

Datum der Veröffentlichung: 30. Dezember 2003[7]
Ablauf der Referendumsfrist: 8. April 2004

---

[7]   BBl **2003** 8211

Bundesgesetzblatt Jahrgang 2002 Teil I Nr. 42, ausgegeben zu Bonn am 29. Juni 2002   **2277**

Gesetz
zur Sicherstellung des Embryonenschutzes im Zusammenhang mit Einfuhr und Verwendung menschlicher embryonaler Stammzellen (Stammzellgesetz – StZG)

Vom 28. Juni 2002

Der Bundestag hat das folgende Gesetz beschlossen:

§ 1
Zweck des Gesetzes

Zweck dieses Gesetzes ist es, im Hinblick auf die staatliche Verpflichtung, die Menschenwürde und das Recht auf Leben zu achten und zu schützen und die Freiheit der Forschung zu gewährleisten,

1. die Einfuhr und die Verwendung embryonaler Stammzellen grundsätzlich zu verbieten,

2. zu vermeiden, dass von Deutschland aus eine Gewinnung embryonaler Stammzellen oder eine Erzeugung von Embryonen zur Gewinnung embryonaler Stammzellen veranlasst wird, und

3. die Voraussetzungen zu bestimmen, unter denen die Einfuhr und die Verwendung embryonaler Stammzellen ausnahmsweise zu Forschungszwecken zugelassen sind.

§ 2
Anwendungsbereich

Dieses Gesetz gilt für die Einfuhr und die Verwendung embryonaler Stammzellen.

§ 3
Begriffsbestimmungen

Im Sinne dieses Gesetzes

1. sind Stammzellen alle menschlichen Zellen, die die Fähigkeit besitzen, in entsprechender Umgebung sich selbst durch Zellteilung zu vermehren, und die sich selbst oder deren Tochterzellen sich unter geeigneten Bedingungen zu Zellen unterschiedlicher Spezialisierung, jedoch nicht zu einem Individuum zu entwickeln vermögen (pluripotente Stammzellen),

2. sind embryonale Stammzellen alle aus Embryonen, die extrakorporal erzeugt und nicht zur Herbeiführung einer Schwangerschaft verwendet worden sind oder einer Frau vor Abschluss ihrer Einnistung in der Gebärmutter entnommen wurden, gewonnenen pluripotenten Stammzellen,

3. sind embryonale Stammzell-Linien alle embryonalen Stammzellen, die in Kultur gehalten werden oder im Anschluss daran kryokonserviert gelagert werden,

4. ist Embryo bereits jede menschliche totipotente Zelle, die sich bei Vorliegen der dafür erforderlichen weiteren Voraussetzungen zu teilen und zu einem Individuum zu entwickeln vermag,

5. ist Einfuhr das Verbringen embryonaler Stammzellen in den Geltungsbereich dieses Gesetzes.

§ 4
Einfuhr und Verwendung embryonaler Stammzellen

(1) Die Einfuhr und die Verwendung embryonaler Stammzellen ist verboten.

(2) Abweichend von Absatz 1 sind die Einfuhr und die Verwendung embryonaler Stammzellen zu Forschungszwecken unter den in § 6 genannten Voraussetzungen zulässig, wenn

1. zur Überzeugung der Genehmigungsbehörde feststeht, dass

   a) die embryonalen Stammzellen in Übereinstimmung mit der Rechtslage im Herkunftsland dort vor dem 1. Januar 2002 gewonnen wurden und in Kultur gehalten werden oder im Anschluss daran kryokonserviert gelagert werden (embryonale Stammzell-Linie),

   b) die Embryonen, aus denen sie gewonnen wurden, im Wege der medizinisch unterstützten extrakorporalen Befruchtung zum Zwecke der Herbeiführung einer Schwangerschaft erzeugt worden sind, sie endgültig nicht mehr für diesen Zweck verwendet wurden und keine Anhaltspunkte dafür vorliegen, dass dies aus Gründen erfolgte, die an den Embryonen selbst liegen,

   c) für die Überlassung der Embryonen zur Stammzellgewinnung kein Entgelt oder sonstiger geldwerter Vorteil gewährt oder versprochen wurde und

2. der Einfuhr oder Verwendung der embryonalen Stammzellen sonstige gesetzliche Vorschriften, insbesondere solche des Embryonenschutzgesetzes, nicht entgegenstehen.

(3) Die Genehmigung ist zu versagen, wenn die Gewinnung der embryonalen Stammzellen offensichtlich im Widerspruch zu tragenden Grundsätzen der deutschen Rechtsordnung erfolgt ist. Die Versagung kann nicht damit begründet werden, dass die Stammzellen aus menschlichen Embryonen gewonnen wurden.

§ 5

Forschung an embryonalen Stammzellen

Forschungsarbeiten an embryonalen Stammzellen dürfen nur durchgeführt werden, wenn wissenschaftlich begründet dargelegt ist, dass

1. sie hochrangigen Forschungszielen für den wissenschaftlichen Erkenntnisgewinn im Rahmen der Grundlagenforschung oder für die Erweiterung medizinischer Kenntnisse bei der Entwicklung diagnostischer, präventiver oder therapeutischer Verfahren zur Anwendung bei Menschen dienen und

2. nach dem anerkannten Stand von Wissenschaft und Technik

   a) die im Forschungsvorhaben vorgesehenen Fragestellungen so weit wie möglich bereits in In-vitro-Modellen mit tierischen Zellen oder in Tierversuchen vorgeklärt worden sind und

   b) der mit dem Forschungsvorhaben angestrebte wissenschaftliche Erkenntnisgewinn sich voraussichtlich nur mit embryonalen Stammzellen erreichen lässt.

§ 6

Genehmigung

(1) Jede Einfuhr und jede Verwendung embryonaler Stammzellen bedarf der Genehmigung durch die zuständige Behörde.

(2) Der Antrag auf Genehmigung bedarf der Schriftform. Der Antragsteller hat in den Antragsunterlagen insbesondere folgende Angaben zu machen:

1. den Namen und die berufliche Anschrift der für das Forschungsvorhaben verantwortlichen Person,

2. eine Beschreibung des Forschungsvorhabens einschließlich einer wissenschaftlich begründeten Darlegung, dass das Forschungsvorhaben den Anforderungen nach § 5 entspricht,

3. eine Dokumentation der für die Einfuhr oder Verwendung vorgesehenen embryonalen Stammzellen darüber, dass die Voraussetzungen nach § 4 Abs. 2 Nr. 1 erfüllt sind; der Dokumentation steht ein Nachweis gleich, der belegt, dass

   a) die vorgesehenen embryonalen Stammzellen mit denjenigen identisch sind, die in einem wissenschaftlich anerkannten, öffentlich zugänglichen und durch staatliche oder staatlich autorisierte Stellen geführten Register eingetragen sind, und

   b) durch diese Eintragung die Voraussetzungen nach § 4 Abs. 2 Nr. 1 erfüllt sind.

(3) Die zuständige Behörde hat dem Antragsteller den Eingang des Antrags und der beigefügten Unterlagen unverzüglich schriftlich zu bestätigen. Sie holt zugleich die Stellungnahme der Zentralen Ethik-Kommission für Stammzellenforschung ein. Nach Eingang der Stellungnahme teilt sie dem Antragsteller die Stellungnahme und den Zeitpunkt der Beschlussfassung der Zentralen Ethik-Kommission für Stammzellenforschung mit.

(4) Die Genehmigung ist zu erteilen, wenn

1. die Voraussetzungen nach § 4 Abs. 2 erfüllt sind,

2. die Voraussetzungen nach § 5 erfüllt sind und das Forschungsvorhaben in diesem Sinne ethisch vertretbar ist und

3. eine Stellungnahme der Zentralen Ethik-Kommission für Stammzellenforschung nach Beteiligung durch die zuständige Behörde vorliegt.

(5) Liegen die vollständigen Antragsunterlagen sowie eine Stellungnahme der Zentralen Ethik-Kommission für Stammzellenforschung vor, so hat die Behörde über den Antrag innerhalb von zwei Monaten schriftlich zu entscheiden. Die Behörde hat bei ihrer Entscheidung die Stellungnahme der Zentralen Ethik-Kommission für Stammzellenforschung zu berücksichtigen. Weicht die zuständige Behörde bei ihrer Entscheidung von der Stellungnahme der Zentralen Ethik-Kommission für Stammzellenforschung ab, so hat sie die Gründe hierfür schriftlich darzulegen.

(6) Die Genehmigung kann unter Auflagen und Bedingungen erteilt und befristet werden, soweit dies zur Erfüllung oder fortlaufenden Einhaltung der Genehmigungsvoraussetzungen nach Absatz 4 erforderlich ist. Treten nach Erteilung der Genehmigung Tatsachen ein, die der Genehmigung entgegenstehen, kann die Genehmigung mit Wirkung für die Zukunft ganz oder teilweise widerrufen oder von der Erfüllung von Auflagen abhängig gemacht oder befristet werden, soweit dies zur Erfüllung oder fortlaufenden Einhaltung der Genehmigungsvoraussetzungen nach Absatz 4 erforderlich ist. Widerspruch und Anfechtungsklage gegen die Rücknahme oder den Widerruf der Genehmigung haben keine aufschiebende Wirkung.

§ 7

Zuständige Behörde

(1) Zuständige Behörde ist eine durch Rechtsverordnung des Bundesministeriums für Gesundheit zu bestimmende Behörde aus seinem Geschäftsbereich. Sie führt die ihr nach diesem Gesetz übertragenen Aufgaben als Verwaltungsaufgaben des Bundes durch und untersteht der Fachaufsicht des Bundesministeriums für Gesundheit.

(2) Für Amtshandlungen nach diesem Gesetz sind Kosten (Gebühren und Auslagen) zu erheben. Das Verwaltungskostengesetz findet Anwendung. Von der Zahlung von Gebühren sind außer den in § 8 Abs. 1 des Verwaltungskostengesetzes bezeichneten Rechtsträgern die als gemeinnützig anerkannten Forschungseinrichtungen befreit.

(3) Das Bundesministerium für Gesundheit wird ermächtigt, im Einvernehmen mit dem Bundesministerium für Bildung und Forschung durch Rechtsverordnung die gebührenpflichtigen Tatbestände zu bestimmen und dabei feste Sätze oder Rahmensätze vorzusehen. Dabei ist die Bedeutung, der wirtschaftliche Wert oder der sonstige Nutzen für die Gebührenschuldner angemessen zu berücksichtigen. In der Rechtsverordnung kann bestimmt werden, dass eine Gebühr auch für eine Amtshandlung erhoben werden kann, die nicht zu Ende geführt worden ist, wenn die Gründe hierfür von demjenigen zu vertreten sind, der die Amtshandlung veranlasst hat.

(4) Die bei der Erfüllung von Auskunftspflichten im Rahmen des Genehmigungsverfahrens entstehenden eigenen Aufwendungen des Antragstellers sind nicht zu erstatten.

§ 8

Zentrale Ethik-Kommission für Stammzellenforschung

(1) Bei der zuständigen Behörde wird eine interdisziplinär zusammengesetzte, unabhängige Zentrale Ethik-Kommission für Stammzellenforschung eingerichtet, die sich aus neun Sachverständigen der Fachrichtungen Biologie, Ethik, Medizin und Theologie zusammensetzt. Vier der Sachverständigen werden aus den Fachrichtungen Ethik und Theologie, fünf der Sachverständigen aus den Fachrichtungen Biologie und Medizin berufen. Die Kommission wählt aus ihrer Mitte Vorsitz und Stellvertretung.

(2) Die Mitglieder der Zentralen Ethik-Kommission für Stammzellenforschung werden von der Bundesregierung für die Dauer von drei Jahren berufen. Die Wiederberufung ist zulässig. Für jedes Mitglied wird in der Regel ein stellvertretendes Mitglied bestellt.

(3) Die Mitglieder und die stellvertretenden Mitglieder sind unabhängig und an Weisungen nicht gebunden. Sie sind zur Verschwiegenheit verpflichtet. Die §§ 20 und 21 des Verwaltungsverfahrensgesetzes gelten entsprechend.

(4) Die Bundesregierung wird ermächtigt, durch Rechtsverordnung das Nähere über die Berufung und das Verfahren der Zentralen Ethik-Kommission für Stammzellenforschung, die Heranziehung externer Sachverständiger sowie die Zusammenarbeit mit der zuständigen Behörde einschließlich der Fristen zu regeln.

§ 9

Aufgaben der Zentralen Ethik- Kommission für Stammzellenforschung

Die Zentrale Ethik-Kommission für Stammzellenforschung prüft und bewertet anhand der eingereichten Unterlagen, ob die Voraussetzungen nach § 5 erfüllt sind und das Forschungsvorhaben in diesem Sinne ethisch vertretbar ist.

§ 10

Vertraulichkeit von Angaben

(1) Die Antragsunterlagen nach § 6 sind vertraulich zu behandeln.

(2) Abweichend von Absatz 1 können für die Aufnahme in das Register nach § 11 verwendet werden

1. die Angaben über die embryonalen Stammzellen nach § 4 Abs. 2 Nr. 1,

2. der Name und die berufliche Anschrift der für das Forschungsvorhaben verantwortlichen Person,

3. die Grunddaten des Forschungsvorhabens, insbesondere eine zusammenfassende Darstellung der geplanten Forschungsarbeiten einschließlich der maßgeblichen Gründe für ihre Hochrangigkeit, die Institution, in der sie durchgeführt werden sollen, und ihre voraussichtliche Dauer.

(3) Wird der Antrag vor der Entscheidung über die Genehmigung zurückgezogen, hat die zuständige Behörde die über die Antragsunterlagen gespeicherten Daten zu löschen und die Antragsunterlagen zurückzugeben.

§ 11

Register

Die Angaben über die embryonalen Stammzellen und die Grunddaten der genehmigten Forschungsvorhaben werden durch die zuständige Behörde in einem öffentlich zugänglichen Register geführt.

§ 12

Anzeigepflicht

Die für das Forschungsvorhaben verantwortliche Person hat wesentliche nachträglich eingetretene Änderungen, die die Zulässigkeit der Einfuhr oder der Verwendung der embryonalen Stammzellen betreffen, unverzüglich der zuständigen Behörde anzuzeigen. § 6 bleibt unberührt.

§ 13

Strafvorschriften

(1) Mit Freiheitsstrafe bis zu drei Jahren oder mit Geldstrafe wird bestraft, wer ohne Genehmigung nach § 6 Abs. 1 embryonale Stammzellen einführt oder verwendet. Ohne Genehmigung im Sinne des Satzes 1 handelt auch, wer auf Grund einer durch vorsätzlich falsche Angaben erschlichenen Genehmigung handelt. Der Versuch ist strafbar.

(2) Mit Freiheitsstrafe bis zu einem Jahr oder mit Geldstrafe wird bestraft, wer einer vollziehbaren Auflage nach § 6 Abs. 6 Satz 1 oder 2 zuwiderhandelt.

§ 14

Bußgeldvorschriften

(1) Ordnungswidrig handelt, wer

1. entgegen § 6 Abs. 2 Satz 2 eine dort genannte Angabe nicht richtig oder nicht vollständig macht oder

2. entgegen § 12 Satz 1 eine Anzeige nicht, nicht richtig, nicht vollständig oder nicht rechtzeitig erstattet.

(2) Die Ordnungswidrigkeit kann mit einer Geldbuße bis zu fünfzigtausend Euro geahndet werden.

§ 15

Bericht

Die Bundesregierung übermittelt dem Deutschen Bundestag im Abstand von zwei Jahren, erstmals zum Ablauf des Jahres 2003, einen Erfahrungsbericht über die Durchführung des Gesetzes. Der Bericht stellt auch die Ergebnisse der Forschung an anderen Formen menschlicher Stammzellen dar.

§ 16

Inkrafttreten

Dieses Gesetz tritt am ersten Tag des auf die Verkündung folgenden Monats in Kraft.

Die verfassungsmäßigen Rechte des Bundesrates sind gewahrt.

Das vorstehende Gesetz wird hiermit ausgefertigt. Es ist im Bundesgesetzblatt zu verkünden.

Berlin, den 28. Juni 2002

Für den Bundespräsidenten
Der Präsident des Bundesrates
Klaus Wowereit

Der Bundeskanzler
Gerhard Schröder

Die Bundesministerin
für Bildung und Forschung
E. Bulmahn

Die Bundesministerin für Gesundheit
Ulla Schmidt

Autoren

Werner Arber

em. Prof. für Molekulare Mikrobiologie, Biozentrum der Universität Basel, Träger des Nobelpreises für Medizin 1978.

Kurt Bayertz

seit 1993 Professor für praktische Philosophie an der Universität Münster. Hauptarbeitsgebiete: Ethik, angewandte Ethik, Anthropologie und politische Philosophie.

Veröffentlichungen (Auswahl):

- Bayertz K (1987) *GenEthik. Probleme der Technisierung menschlicher Fortpflanzung.* Rowohlt, Reinbek (übersetzt ins Englische und Chinesische)
- Bayertz K (Hrsg.) (1998) *Solidarität. Begriff und Problem.* Suhrkamp, Frankfurt/M. 1998 (engl. 1999)
- Bayertz K (Hrsg.) (2002) *Warum moralisch sein?* Schöningh, Paderborn

Wolfgang van den Daele

Professor und Direktor der Abteilung „Zivilgesellschaft und transnationale Netzwerke" am Wissenschaftszentrum Berlin für Sozialforschung (WZB), Professor für Soziologie an der Freien Universität Berlin. Hauptarbeitsgebiete: Alternative Verfahren der Konfliktregulierung, Umwelt-, Wissenschafts- und Technikforschung, Umweltforschung, Ethische und rechtliche Probleme neuer Biotechnologien.

Veröffentlichungen (Auswahl):

- van den Daele W (2004) Die Praxis vorgeburtlicher Selektion und die Anerkennung der Rechte von Menschen mit Behinderungen. In: A Leonhardt

(Hrsg.): *Wie perfekt muss der Mensch sein?* Ernst Reinhardt Verlag, München, 175–197
- van den Daele W, Döbert R (2004) Imaginierte Gemeinschaften – Forderungen und Mechanismen transnationaler Solidarität beim Zugang zu patentgeschützten AIDS Medikamenten. In: D Gosewinkel, D Rucht, W van den Daele, J Kocka (Hrsg.): *Zivilgesellschaft – national und transnational. WZB-Jahrbuch 2003.* edition sigma, Berlin, 309–336

Eve-Marie Engels
Professorin für Ethik in den Biowissenschaften an der Fakultät für Biologie der Universität Tübingen; Mitglied im Nationalen Ethikrat der Bundesrepublik Deutschland. Hauptarbeitsgebiete: Ethik in den Biowissenschaften, Evolutionstheorie, Anthropologie.
Veröffentlichungen (Auswahl):
- Engels E-M, Badura-Lotter G, Schicktanz S (Hrsg.) (2001) *Neue Perspektiven der Transplantationsmedizin im interdisziplinären Dialog.* Nomos Verlagsgesellschaft, Baden-Baden
- Engels E-M (Hrsg.) (1999) *Biologie und Ethik.* Reclam, Stuttgart
- Engels E-M, Junker T, Weingarten M (Hrsg.) (1998) *Ethik der Biowissenschaften. Geschichte und Theorie. Verhandlungen zur Geschichte und Theorie der Biologie, Bd. 1.* Verlag für Wissenschaft und Bildung, Berlin
- Engels E-M (Hrsg.) (1995) *Die Rezeption von Evolutionstheorien im 19. Jahrhundert.* Suhrkamp STW, Frankfurt

Alois Anton Gratwohl
geb.1947 in Basel; Professor für Innere Medizin, Leiter der Hämatologie, Kantonsspital Basel, Mitglied diverser nationaler und internationaler wissenschaftlicher Gesellschaften der Onkologie, Hämatologie und Transfusionsmedizin.

Markus Schefer

geb. 1965 in Teufen/Aargau. Professor für öffentliches Recht, vergleichendes Verfassungsrecht und juristische Methodenlehre an der Universität Basel.

Herbert Schnädelbach

1936 geboren in Thüringen, Professor (emeritus) für Philosophie am Institut für Philosophie der Humboldt-Universität zu Berlin.
Veröffentlichungen (Auswahl):
- Schnädelbach H (1983) *Philosophie in Deutschland 1831–1933.* Suhrkamp, Frankfurt a. M.
- Schnädelbach H (1987) *Vernunft und Geschichte. Vorträge und Abhandlungen.* Suhrkamp, Frankfurt a. M.
- Martens E, Schnädelbach H (Hrsg.) (1994) *Philosophie. Ein Grundkurs.* Rowohlt, Hamburg

Hans-Peter Schreiber

geb. 1936 in Basel. Studium der Theologie und Philosophie; Promotion und Habilitation an der Universität Basel im Fach Philosophie; Weiterbildung in Molekularbiologie und Genetik am Biozentrum Basel; Ernennung zum a. o. Professor für praktische Ethik und Philosophie an der Universität Basel; von 1992–2001 Leiter der Fachstelle für Ethik und Technikfolgen-Abschätzungen der ETH Zürich; 1997–2001 Präsident des Ethikkommission der ETH Zürich; Mitglied der Schweizerischen Akademie der Technischen Wissenschaften; Mitglied des wissenschaftlichen Beirates des Deutschen Human-Genom Projektes, Vorsitzender der Gutachterkommission für die Ethische, Rechtliche und Sozialwissenschaftliche Begleitforschung des Humangenom-Projektes des BMBF; Vorsitzender des Ethikrates von Novartis International.

Günter Stratenwerth

geboren 31.1.1924 in Naumburg/Saale. Professor
(emeritus) für Strafrecht und Rechtsphilosophie an der
Universität Bonn. Zahlreiche Veröffentlichungen zum
deutschen und schweizerischen Strafrecht.

Joseph Straus

Prof. Dr. jur., Dres. jur. h.c., Honorarprofessor an der
Universität München; Marshall B. Coyne Visiting Professor of International and Comparative Law, George
University Law School, Washington D.C.; Geschäfts-
führender Direktor des Max-Planck-Instituts für Geistiges Eigentum, Wettbewerbs- und Steuerrecht,
München; Berater verschiedener nationaler und internationaler Einrichtungen, so der Deutschen Bundesregierung, der Wissenschaftlichen Dienste des Deutschen Bundestages, der OECD, WIPO, EU-Kommission,
des Europäischen Patentamts; Vorsitzender des Ausschusses für Intellectual Property Rights der Human Genome Organization (HUGO), Vorsitzender des Pro-
grammausschusses der Internationalen Vereinigung für
Geistiges Eigentum (AIPPI); Mitglied der Academia
Europaea, Mitglied der Europäischen Akademie der
Wissenschaften und Künste, korrespondierendes Mitglied der Slowenischen Akademie der Wissenschaften
und Künste; Wissenschaftspreis 2000 des Stifterver-
bandes für die Deutsche Wissenschaft.

Gerhard Wolff

geb. 1947, Professor für Humangenetik und Leiter der
Genetischen Beratungsstelle am Institut für Human-
genetik und Anthropologie der Universität Freiburg;
Psychotherapeutische Praxis mit humangenetischem
Schwerpunkt.